宋希玉、張鶴　著

企業
KYOCERA
鬥魂

一生懸命！
稻盛和夫 的京瓷心法

以心為本、阿米巴經營

讓每一個員工都成為企業的主角，站在舞台的最中央

要想形成真正的創造力，就要有否定「常識」的勇氣

崧燁文化

目錄

第3章　經營取決於堅強的意志 —— 意志式經營

第4章　齊心協力，共同經營 —— 打造「命運共同體」

第5章　把追求「完美」作為企業經營的信條 ——「完美主義」哲學

第6章　敬天愛人,與人為善 ——「利他」經營

目錄

前言

　　稻盛和夫是當代日本著名企業家，他與松下公司的創始人松下幸之助、SONY 公司的創始人盛田昭夫、本田公司的創始人本田宗一郎被並稱為日本「經營四聖」。其中，稻盛和夫是最年輕的一位，也是目前唯一在世的一位。毫不誇張的說，稻盛和夫不僅是日本的經營之聖，同時也是世界的經營之聖。不管是論功績，還是論影響力、論思想，稻盛和夫都無愧於「世界經營之聖」的美譽。

　　在商界，他成為眾多企業家推崇和膜拜的對象，因為他一生中完成了兩件傑出的作品 —— 京瓷公司和 KDDI 電信公司 —— 這兩家公司都躋身於世界五百強企業的行列。他的經營模式與管理理念受到眾多企業經營者的追捧，而代表了他的思想並以之展現企業經營價值觀的「稻盛哲學」，被視為展現人類良知與睿智的思想之花。因為推動了企業的迅速發展，稻盛和夫的經營哲學更是被日本企業界奉為圭臬。稻盛和夫創立京瓷株式會社至今長達半個世紀之久，歷經了多次經濟蕭條時期。一九七〇年代的「石油危機」對企業的衝擊是摧毀性的，但在稻盛和夫的帶領下，企業衝出了兩次石油危機的困境，之後又衝破了一九八〇年代的日元升值危機，一九九〇年代的經濟泡沫危機、二〇〇〇年的 IT 泡沫危機等。因深諳在危機中求生存的經營之道，稻盛和夫的企業非但沒有深陷經濟蕭條的泥潭，反而借危機之勢得以飛躍。

　　另外，他又憑藉其獨特的「稻盛哲學」而享譽世界，從他創

辦的培訓機構「盛和塾」中出了數以萬計的企業家和成功人士。目前，全世界有超過六十家盛和塾，塾生超過六千六百人。塾生當中，有超過百人的公司是上市公司。形象一點說，盛和塾儼然成了一家世界級的商學院。

許多人這樣評價他：「他是哲學家中最成功的企業家，也是企業家中最成功的哲學家。」這樣高的評價其實並不為過，他不僅開創了「稻盛哲學」，並且將這種哲學理念成功的運用到日常生活和工作中。

稻盛和夫說：「『把作為人何謂正確』這一理念當做判斷一切事物的標準，就會讓我們學會用正確的態度去做正確的事情，並且用正確的方式貫徹到底。」正是基於這種思想，稻盛和夫在經營企業的過程當中，發明了著名的「阿米巴經營」，將自己的經營哲學成功的落實到企業的具體運作模式之上。

從表面上來看，阿米巴經營就是一種簡單的管理方法。真正深入的了解了阿米巴經營之後就會發現：阿米巴經營就是一種基於企業哲學的經營模式，在追求員工的物質和精神的兩方面幸福的同時，為企業的發展提供巨大的發展動力。所以有人說，稻盛和夫的阿米巴經營就是一場企業經營意識上的革命，他讓大多數的人都明白了在企業經營中不僅僅是追求利潤的問題，更多的時候應該是出於一種人性的經營，讓企業成為一個真正能夠有益於社會的營利組織。

二〇一〇年，日本航空公司面臨破產危機，日本首相鳩山由紀夫力請稻盛和夫出馬拯救日航，這一舉動甚至提升了首相本人的民

意支持度，這從一個側面反映出日本國民對稻盛和夫這位「經營之聖」的信任和愛戴。

　　本書從獨特的視角，再現了稻盛和夫的經營哲學，深刻剖析了阿米巴經營理念。無論是有志創業者，還是渴望汲取經驗助己之力以取得更大成功的經營者，皆可從中得到有益之啟發與可鑑之良方。每一個閱讀過本書的讀者，都能夠受到深刻的啟發，不但能學會管理之道，更能夠學會經營之道，讓他們更好的去對待自己的工作和事業。

前言

第 1 章
經營企業就是經營人心
——以心為本

　　我到現在所做的經營，是以心為本的經營。換句話說，我的經營就是圍繞著怎樣在企業內建立一種牢固的、相互信任的人與人之間的關係這麼一個中心點進行的。

——稻盛和夫

1 · 和諧的氛圍可以激發員工熱情

【稻盛和夫箴言】

　　管理就是要重紀律，也不要忘了獎賞。員工如果從主管嚴峻的外表下感受到一顆溫暖的心，一定會願意追隨。

　　當有人問稻盛和夫為何能將企業管理如此之好，稻盛和夫先生則說：「我到現在所做的經營，是以心為本的經營。換句話說，我的經營就是圍繞著怎樣在企業內建立一種牢固的、相互信任的人與人之間的關係，這麼一個中心點進行的。」即怎樣與同事友好相處，怎樣建立一個緊密合作的團隊。他採用明確的員工認可的奮鬥目標來凝聚大家，激發大家共同注意企業的發展。此外，還將員工的利益和企業的目標統一起來；建立一個堅強有力、工作公平的領導團體。

　　「以心為本」具展現在對待員工的仁愛之心，對待合作夥伴的利他之心，對待社會的回報之心。稻盛和夫先生將此融入企業管理之中。建立起企業與員工、企業與社會的相互關係，形成具有稻盛和夫特色的經營哲學。

　　身為公司高層管理人員，稻盛和夫盡力抑制自私的本能，有意摒棄私利，甚至願意為了公司和贏得員工的愛，甘願以生命作為賭注。稻盛和夫先生說：「雖然人心脆弱不定，但是人心之間的聯結卻是所有已知現象中最為強韌的。」因此，他要做到信賴自己的員工，更要予以尊敬，並不時讚賞他們、鼓勵他們，給他們一種親切感，從而他們會更加努力工作，公司內部關係也會變得和諧。

「管理就是要重紀律，也不要忘了獎賞。員工如果從主管嚴峻的外表下感受到一顆溫暖的心，一定會願意追隨。」稻盛和夫先生認為，要在企業內建立人們精神上的相互信任，心心相印，建立命運共同體。要使大家的命運緊密相連於一個核心。他經常讓員工以小組為單位，一起閱讀、學習，他還常常教導員工要「變成相互信任的同志」，要「能和他人同甘共苦」等。他以其獨到的方式感染每一個人，使其願意為公司付出辛勞，從而也在此產生一種相互信任的感情。

對企業來說，「人」是企業最重要，最核心的「對象」，提升企業中員工的素養是很有必要的。

松下幸之助曾經說過：事業的成功，首先在人和。在管理實踐中，松下十分重視「人和」，以此來調適和化解內部矛盾，使企業員工在共同價值觀念和共同的企業目標基礎上，形成相依相存、和諧融合的氛圍，產生出對企業的巨大向心力和認同感。

松下電器公司獲得成功的一個重要因素是「精神價值觀」。松下幸之助規定公司的活動原則是：「認清企業家的責任，鼓勵進步，促進全社會的福利，致力於世界文化的繁榮發展。」 松下先生給全體員工規定的經營信條是；「進步和發展只能透過公司每個人的共同努力和協力合作才能實現。」進而，松下幸之助還提出了「產業報國、光明正大，友善一致，奮鬥向上、禮節謙讓、順應同化、感激報恩」等七方而內容構成的「松下精神」。

在日常管理活動中，公司非常重視對廣大員工進行「松下精神」的宣傳教育。每天上午八點，松下公司遍布各地的八萬七千多

名員工都在背誦企業的信條，放聲高唱〈松下之歌〉，松下電器公司是日本第一家有精神價值觀和公司之歌的企業。在解釋「松下精神」時，松下幸之助有一句名言，如果你犯了一個誠實的錯誤，公司是會寬恕你的，把它作為一筆學費；而你背離了公司的價值規範，就會受到嚴厲的責罵，直至解僱，正是這種精神價值觀的作用，使得松下公司這樣機構繁雜、人員眾多的企業產生了強勁的內聚力和向心力。

與此同時，松下電器公司建立的「提案獎金制度」也是很有特色。公司不僅積極鼓勵員工隨時向公司提建議，而由員工選舉成立了一個推動提供建議的委員會。在公司員工中廣為號召，收到了良好的效果。僅一九八五一九八五年一月到十月，公司下屬的技術次廠雖只有一千五百名員工，提案卻多達七萬五千多個，平均每人五十多個。一九八六年，全公司員工一共提出了六十六萬三千四百七十五個提案建議，其中被採納的多達六萬一千兩百九十九個，約占全部提案的百分之十。公司對每一項提案都予以認真的對待，及時、全面、公正的組織專家進行評審，觀其價值大小，可行性與否，給予不同形式的鼓勵。即使有些提案不被採納，公司仍然要給以適當的獎賞。一九八六年，松下電器公司用於激勵員工提案的獎金就高達三十多萬美元。正如松下電器公司勞工關係處處長阿蘇津所說：「即使我們不公開提倡，各類提案仍會源源而來，我們的員工隨時隨地在家裡、在火車上，甚至在廁所裡都在思索提案。」

松下幸之助經過常年觀察研究後發現：按時計酬的員工僅能發

揮工作效能的百分之二十至百分之三十，而如果受到充分激勵則可發揮百分之八十至百分之九十。於是松下先生十分強調「人情味」管理，學會合理的「感情投資」和「感情激勵」，即拍肩膀、送紅包、請吃飯。

值得一提的是他們的「送紅包」。當你完成一項重大技術革新，當你的一項建議為企業帶來重大效益的時候，管理者會不惜代價的重賞你。他們習慣於用信封裝現金，個別而不是當眾送給你。對員工來說，這樣做可以避免別人，尤其是一些「多事之徒」不必要的斤斤計較，減少因獎金多寡而滋事的可能。

至於逢年過節，或是廠慶（工廠每十年舉辦慶祝會），或是員工婚嫁，廠長經理們都會慷慨解囊，請員工赴宴或上門賀喜、慰問。在餐桌上，上級和下屬可盡情話家常、談時事、提建議，氣氛和睦融洽，它的效果遠比站在講台上向員工發號施令好得多。

為了消除內耗，減輕員工的精神壓力，松下公司公共關係部還專門開闢了一間「出氣室」。裡面擺著公司大大小小行政人員與管理人員的橡皮塑像，旁邊還放上幾根木棒、鐵棍。假如哪位員工對自己某位主管不滿，心有怨氣，你可以隨時來到這裡，對著他的塑像棒打一頓，以解心中積鬱的悶氣。過後，相關人員還會找你談心聊天、給你解惑指南。久而久之，在松下公司就形成下上下一心、和諧相容的「家庭式」氛圍。

古人說：「欲謀勝敗，先謀人和。」好的工作氛圍能提升員工的工作效率。相反，壞的工作氛圍會扼殺員工的工作熱情、積極性和創造力。管理者應充分認識到工作氛圍的重要性，盡可能營造出

員工樂於接受、利於團隊發展的工作氛圍。

營造工作氛圍最好從企業文化出發，從企業文化建設著手，激發員工的工作熱情，營造相互幫助、相互理解、相互激勵、相互關心的工作氛圍，從而穩定員工工作情緒，形成共同的價值觀，進而產生合作的力量，達成組織目標。

培養和諧的工作氛圍，並不是呆板的整齊劃一，而是利用大多數成員的方式將大家統一起來。如果不能學會站在下屬的位置，哪怕只有一個下屬，也難以建立和諧的關係。只有用成員最常用的方式，團隊成員才樂於接受，從而保證團隊和諧。

2・與下屬一起分享成果

【稻盛和夫箴言】

分享是一種偉大的精神，它能夠讓人學會愛護別人、關心別人，站在別人的立場去思考問題，去尋求問題的解決之道。我們都知道，一個人吃一頓美味可口的飯菜可能會因為孤獨寂寞而覺得如同嚼蠟，而一夥人一起吃一頓美味可口的飯菜可能會吃出更香的味道，味道比之前好上很多倍，這就是分享的好處。

在稻盛和夫看來，企業不單單是一個大組織，更是一個大的團隊，只有當一個企業像一個和諧一致的團隊一樣發展，那麼企業才能夠永保基業常青。所以稻盛和夫說：「企業就像一塊大蛋糕，每一個人都想吃一口，而且都想著吃很大一口，這就帶來了利益分配上的衝突。所以，企業要想獲得強大的凝聚力，就必須讓所有的人

都學會分享。在京瓷集團中，我要求每一個阿米巴的領導人都要學會分享，在分享中提升自己的心性，讓自己成為最受員工愛戴的領導人。」

對於現代的任何一個企業而言，讓企業擁有一個和諧一致的工作氛圍是讓企業快速成長起來的重要條件之一。在京瓷集團的發展歷程中，幾乎所有的阿米巴領導人都非常注意 —— 不要去和員工爭奪利益，爭取保護好每一個員工的權益，讓員工們學會保護自己利益的同時也學會分享，從而保證阿米巴的健康運轉。

一九七二年，京瓷打出一個宣傳口號：「月銷量達到十億日元就去夏威夷！」就在去年，月銷量只有五六億日元，今年的目標卻整整翻了一倍。

當時，能夠境外旅遊，對於大部分人來說，都是可望而不可即的奢侈消費。很多人就問有沒有其他獎項，於是稻盛和夫就向員工許諾，如果達到九億日元，京瓷全體員工就到香港去旅遊。

結果，當年的銷售量達到了九點七億日元，稻盛和夫信守承諾，帶領著一千三百名員工一起去香港旅遊。

很多員工都是首次海外旅行，所以場面非常的熱鬧。京瓷有一個非常平等的信條，從打掃環境的大嬸，到稻盛和夫本人，在旅遊當中都一視同仁，沒有上下級之分，這樣大家可以盡情的享受這次海外之旅。

當時恰逢日本首相田中角榮提出「日本列島改造計畫」，使日本經濟得到快速的發展，這對京瓷的發展也起到了推波助瀾的作用。

　　但是，一九七四年年初，全球遭遇到了前所未有的石油危機，導致京瓷訂單急劇減少，對公司的經營是一個不小的衝擊。日本產業界出現了裁員和失業風潮，京瓷雖然不會裁員，但也不得不做出減薪的措施。

　　京瓷公司一直以「追求員工物質與精神兩方面幸福」作為其經營理念，自從京瓷創辦以來，公司就形成了上下團結一心、同甘共苦的優良傳統。京瓷公司一直與員工存在休戚與共、禍福相依的依賴關係，確保就業是京瓷的宣言。

　　由於工作量減少了，稻盛和夫就帶領大家對工作進行一些改進，他還經常舉辦一些技術研討會，為將來工作恢復正常以後做準備。遇到天氣不好的時候，不能進行露天作業，他就號召大家到會議室中學習京瓷哲學。

　　儘管公司的行銷人員盡了他們最大的努力，但是由於世界經濟蕭條的原因，造成了市場低迷的情況，而且這種情況遲遲都不見有好轉的跡象。一九七四年年底，稻盛和夫遭遇到了創業以來最嚴峻的時期，因此不得不向工會提出凍結一年的加薪要求。工會討論之後，全場一致同意接受稻盛和夫的提議。

　　之後，公司營運逐步恢復正常，京瓷全體工作人員也都回到了生產線。第二年，稻盛和夫在凍結的那部分加薪的基礎上，給員工提高了薪水，而且發放了獎金，作為對大家當時理解並支持他的回報。

　　一九七三年，京瓷的兩位大恩人在這一年相繼辭世：當初在公司成立時，為了稻盛和夫而抵押自己的家宅，甚至不惜為他從銀行

貸款籌集運轉資金的西枝一江先生；一聽到一個乳臭未乾的小子要創業就勃然大怒的交川有先生。當稻盛和夫接到西枝先生的訃聞之後不久，交川先生也駕鶴仙去，享壽都是七十一歲。兩人是稻盛先生一生無可替代的摯友。

一九七四年二月，京瓷的股票在東京、大阪兩大證券交易所都從第二市場部躍升至第一市場部。一九七五年九月更是以兩千九百九十日元成為日本股價最高的股票，而在這之前，一直都是由 SONY 盤踞首位。得悉這個消息，稻盛和夫並沒有太多的激動和興奮，他只是喃喃自語道：「西枝先生、交川先生，當年那個毛頭小子的公司走到了今天。」

在京瓷集團中，培養阿米巴領導人的分享意識的方法主要有以下幾個：

第一個方法，分享是一項榮譽，學會分享不是讓自己的榮譽更少，而是讓自己的榮譽更多。

稻盛和夫說：「分享是一種偉大的精神，它能夠讓人學會愛護別人、關心別人，站在別人的立場去思考問題，去尋求問題的解決之道。我們都知道，一個人吃一頓美味可口的飯菜可能會因為孤獨寂寞而覺得如同嚼蠟，而一夥人一起吃一頓美味可口的飯菜可能會吃出更香的味道，味道比之前好上很多倍，這就是分享的好處。」

在京瓷集團中，幾乎所有的阿米巴領導人在獲獎的時候，第一句話都是這樣的：「我感謝和我一同努力過的人，所有的獎項不屬於我一個人，我只是很榮幸的被推舉出來站在這裡代表他們而已，其實他們和我一樣，也都是獲得這項榮譽的人。」在京瓷集團中，

分享就是從團體榮譽中開始的，因為大家都知道，很多時候榮譽是用金錢換不來的，或者說榮譽和金錢從來都不是等價物 ── 阿米巴的領導人總是會將自己的榮譽讓給員工，並讓那些獲得榮譽激勵的員工學會謙虛，讓他們知道沒有同事的幫助，自己是不可能取得榮譽的。

第二個方法，學會分享就是要學會利益分配，每一個能夠將利益合理分配的領導人都是具有分享精神的。

任何一個企業都存在著利潤分配不均的現象，而且這一現象是誰也無法消除的。雖然企業中利潤分配不均的現象無法消除，但是卻可以有效的減少。稻盛和夫對此提出了「三個滿足」：第一個滿足，使得企業當中的每一個員工的薪水和績效都能夠緊密的聯繫在一起，但是前提是要滿足企業的發展需求；第二個滿足，滿足企業、部門的整體業績與員工個人利潤之間的缺口，使得大家都處在一個相對平衡的位置上；第三個滿足，要一切以滿足團隊和諧的良性競爭為原則。

在京瓷集團中，阿米巴領導人合理公平的分配利益最主要的方法就是「職位指標薪水制」。

在阿米巴經營中，工作時間核算是考察員工績效的終極指標，同樣這個指標也是員工們的利益分配標準，即在一個阿米巴中，每一員工的利益分配都是由工作時間核算來決定的，誰的工作時間核算數值最高，就說明誰的利益分配量最大；反之，誰的工作時間核算數值最小，就說明誰的利益分配量最小。

第三個方法，分享就是一種齊心協力，是團隊精神的展現，每

一個阿米巴領導人都必須懂得去增強自己的團隊精神。

稻盛和夫說：「我相信京瓷集團中的每一個阿米巴的領導人都是具有強烈團隊意識的人，我相信他們會為了團隊的利益而放棄個人的利益，我相信他們會讓自己的團隊成為一個整體，每一天都能夠像一隻鐵拳一樣揮出去，而不是像一盤散沙一樣四處飄蕩。所以，我始終認為，京瓷集團之所以能夠成為世界頂級企業，就是因為我們阿米巴的領導人有著強烈的團隊精神，犧牲自己利益滿足團隊需要就是一種分享精神！」

在阿米巴的經營中，每一個阿米巴的領導人都非常重視企業和員工的利益，他們通常都是將自己的利益排到最後。就是這樣的一種極具分享精神的做法，不但沒有讓他們自己的利益受損，也讓企業和員工的利益得到了有效的保證。所以，在京瓷集團中，很多的阿米巴領導人在遇到個人利益和團隊利益相衝突的時候，他們都會犧牲自己的利益而保證團隊的利益。也正是因為這種帶有強烈的犧牲色彩的分享精神讓每一個阿米巴都成為一個有著強大凝聚力的團體，發揮了強大的作戰能力 —— 分享精神讓每一個阿米巴都開始努力工作，而且懂得為所有人付出，齊心協力的去工作、去奮鬥，這就是京瓷集團為什麼能夠一直煥發出活力，擁有強大競爭力的最根本原因。

3．用人格魅力凝聚人心

【稻盛和夫箴言】

居於人上的領導者需要的不是才能和雄辯，而是以明確的哲學

為基礎的「深沉厚重」的人格。包括謙虛、內省之心，克己之心，尊崇正義的勇氣，或者不斷磨礪自己的慈悲之心 —— 一言以蔽之，就是他必須是保持「正確的生活方式」的人。

稻盛和夫說：「居於人上的領導者需要的不是才能和雄辯，而是以明確的哲學為基礎的『深沉厚重』的人格。包括謙虛、內省之心，克己之心，尊崇正義的勇氣，或者不斷磨礪自己的慈悲之心 —— 一言以蔽之，就是他必須是保持『正確的生活方式』的人。」

稻盛和夫非常贊同明代文學家、思想家呂坤在《呻吟語》中提到的相關領導人資質的評論：「深沉厚重是第一等資質，磊落豪雄是第二等資質，聰明才辯是第三等資質。」也就是說，是否具備厚重人格，能否對事物進行深入思考，是一個人能否成為管理者的關鍵所在。所以，管理者首先要具備的就是高尚的人格。

所謂人格魅力，指的是人整體的精神面貌，即人的性格、氣質、能力等特徵的總和。列寧曾指出：「保持領導地位不是靠權力，而是靠威信、毅力，靠豐富的經驗、淵博的學識以及卓越的才能。」

一個企業的管理者，就如同軍隊的統帥一樣，他憑什麼讓自己的部屬信服自己，聽自己的號令呢？是靠權力、金錢嗎？當然不是。真正卓越的管理者，擁有權力和金錢影響之外的一種能力，一種能讓人欽佩、信服的人格魅力，以此來感召自己的手下。

俗話說：「士為知己者死，女為悅己者容。」我們每一個人都傾向於為自己佩服、敬重的人效力，而且往往是不計得失的。不要

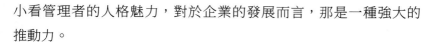

小看管理者的人格魅力，對於企業的發展而言，那是一種強大的推動力。

　　一個富有人格魅力的企業家，對於營造融洽的團隊氛圍、提高公司的營運效率，以及擴大公司的影響力，都起著至為關鍵的作用。尤其是在企業發展的初期，由於企業機制尚不完善，管理者的人格魅力所起到的作用就更加突出。

　　那麼，富有人格魅力的企業家是什麼樣子的呢？

　　關於成功企業家的人格魅力，有過不少相關研究。首先必須是一個有理想和追求的人，也是一個有能力去實現自己的理想和追求的人。在別人眼裡，通常是個狂人，但是他的狂言基本都實現了。更重要的是，在成功企業家的身上，你很難發現一點點虛榮心。這種人總是坦然面對自己的失敗和缺陷。

　　一個企業管理者，如果能長期努力、不斷增強自己的人格魅力，這無論對企業還是對企業管理者本人而言，都將是一筆無可替代的財富。

4．透過以身作則來影響下屬

【稻盛和夫箴言】

　　在資訊社會、偏重知識的年代，多數人認為「如果知曉理論就能辦到」，這種觀念其實大錯特錯了。「知曉」與「辦得到」之間有很深的鴻溝，能夠填補這道鴻溝的就是現場的經驗。

　　稻盛和夫是一個非常注重實際行動的人，他重視書本知識，

更重視實踐，注重身體力行。注重實踐及身體力行也被他視為人生中極其重要的原則。他認為，只有透過親身的體驗才能累積最寶貴的財富。

「紙上得來終覺淺，絕知此事要躬行。」親歷每一個現場，能夠累積實踐經驗，這比聽他人的「經驗之談」都要有用得多。所以稻盛和夫說：「在資訊社會、偏重知識的年代，多數人認為『如果知曉理論就能辦到』，這種觀念其實大錯特錯了。『知曉』與『辦得到』之間有很深的鴻溝，能夠填補這道鴻溝的就是現場的經驗。」

有一次，稻盛和夫聽說在溫泉旅館有一場關於經營知識的講座，時間為三天兩夜，報名費用達數萬日元。這對當時的稻盛和夫來說是一筆極大的開銷，但是因為迫切想學習經營知識，再加上講師名單中有稻盛和夫傾慕已久的本田技研工業的創始人本田宗一郎先生，所以，他不顧周圍人的反對，報名參加了這次講座。

講座開講的當天，所有學員在旅館泡過溫泉後，坐在大會場裡等待本田先生來講課。可是，本田先生的出現卻讓來學習的企業家們甚為尷尬。當時本田宗一郎先生是從本田公司的濱松工廠直接趕來的，他的工作服上沾滿了油汙，到達會場後，他開口就對與會人員進行了一番訓斥：

「大家來這裡是做什麼的？好像是來學習經營的，如果有這個時間，那就請早點返回公司去工作工作。泡泡溫泉、吃吃喝喝不可能學好經營。我沒有向任何人學習經營就是證據。看看我這樣的男人也能做好經營。其實，你們要做的事情只有一件，就是趕快回到公司積極投入到工作中去。」

本田先生還罵道:「支付如此昂貴費用的傻瓜在哪裡?」

見此情景,所有學員都陷入到沉默中,因為大家都明白本田先生說得確實有道理。

稻盛和夫在這次還沒有開始就已經結束的講座中,受到了極深的觸動。也正是本田宗一郎先生的一番訓斥,讓稻盛和夫領悟到了什麼才是經營之道。他說:「本田先生告訴我們在榻榻米上學習游泳是多麼的愚蠢。在榻榻米上不可能學好游泳,還不如立刻跳入水中,奮不顧身的揮動手腳。若沒在現場揮灑汗水就不可能做好經營 —— 本田先生就是如此,成就一番偉業的智慧只能從經驗中得到。只有親力親為的體驗才是最寶貴的財富。」

本田宗一郎先生的話,不僅僅道出了經營之道,還指出了做任何事情都應該親力親為的重要性。因此稻盛和夫在事業的經營中,付出了不亞於任何人的努力。這也是稻盛和夫在工作中身體力行的表現。

不少著名企業都很重視身體力行、以身作則。麥當勞速食店創始人雷・克洛克是美國社會最有影響力的十大企業家之一。他不喜歡整天坐在辦公室裡,而是大部分工作時間都用在「走動管理」,即到所有分公司各部門走走、看看、聽聽、問問,隨時準備幫助下屬解決工作中遇到的問題。

身教重於言教,榜樣的力量是無窮的。行為有時比語言更重要,領導的力量,很多往往不是由語言,而是由行為展現出來的。在一個組織裡,管理者是眾人的榜樣,他的言行舉止都被員工看在眼裡,當管理者親臨指導時,員工往往會有更大的信心和更多的熱

情。所以，管理者要懂得透過以身作則來影響下屬，這樣管理起來
也會得心應手。

5・與員工進行心與心的交流

【稻盛和夫箴言】

　　最重要的就是要用真誠進行溝通。真誠具有穿透性的力量，
因為，真誠的心之間是沒有障礙的。當你一直堅守真誠時，你會發
現，有一天你會因此而得到更多。

　　稻盛和夫認為，老闆與員工在辦公室很難有推心置腹的溝通，
因為辦公室的氣氛很嚴肅，下級面對上級很難說出真心話。在稻盛
和夫的企業裡，大部分人都是學工程的，他們更多的興趣在於對一
件事物的研究，很少有人有興趣研究人性和與人溝通。所以，一開
始稻盛和夫覺得跟員工溝通起來非常困難。後來，稻盛和夫經常在
下班後與員工一起喝酒，當大家酒後三巡的時候，老闆與員工的邊
界就模糊了，有些話也就可以開誠布公的講出來了，大家就可以進
行更好的溝通。這種有效的溝通讓稻盛和夫和員工之間建立了深厚
的友誼和信任，而這種友誼和信任使員工在企業面臨困難的時刻，
能與他在一起全力以赴的突破難關。

　　稻盛和夫還主張在溝通時要與他人進行心與心的交流，在情感
上建立彼此的信任。他認為人心是最容易變的，一旦建立起心與心
的聯盟和共同認知，它又是最堅固的，所以他一直相信心的力量。

　　如何與他人進行心與心的交流，建立感情上的信任，擁有心的

力量呢？稻盛和夫認為，最重要的就是要用真誠進行溝通。真誠具有穿透性的力量，因為，真誠的心之間是沒有障礙的。當你一直堅守真誠時，你會發現，有一天你會因此而得到更多。真誠也是讓人感動的最佳方法。

尼克 · 贊紐克是福特汽車公司前高級總監，他在福特公司工作了二十七年，曾在福特領導過林肯轎車的一個車型 —— 大陸汽車的開發專案，這個專案價值四十億美元，有一千兩百個工程師參與這項工作。雖然專案開始的時間比計畫晚了四個月，當時團隊也沒有很好的組織起來，但他們仍然按計畫完成了任務，並使專案經費比預算節約了百分之三十。他又是怎樣做到這一點的呢？

說實話，尼克 · 贊紐克一開始真不知道如何展開工作，如何把一個龐大的機構分割成許多個很小的、高效能的團隊，再把它們組成一個有機的整體。於是他去了豐田公司，想了解他們是怎麼做的。

沒想到豐田公司毫不掩飾的向他介紹了全面品質管制、準時生產等知識。尼克 · 贊紐克有些不解的問豐田公司的總經理：「為什麼你要和福特公司分享這些知識呢？與你的競爭對手分享這些知識，你不怕有風險嗎？」

豐田公司的經理說：「我不怕。因為當你們把這些知識實施到你們的企業中去的時候，我們已經有了新的知識，我們學得比你們快。」

豐田公司的人居然對福特公司的人說：「我們學得比你們快。」當時尼克 · 贊紐克根本不懂他們這些話是什麼意思，只是受到啟

發，知道團隊要共同學習。

　　於是，福特團隊開始了共同學習之旅。他們組織了一個由管理者組成的小組，每兩個月開一次或兩次例會。在這種例會中，這些高級管理人員學習怎樣進行一些誠懇的對話。透過這種懇談，成員之間建立了一種很真誠的關係。在建立這種關係的同時，成員之間開始彼此吐露心聲。他們開始「分享」他們的錯誤，也不再害怕犯錯誤，不再在乎面子，在乎的是真正的互相了解。這些管理者花了六個月的時間才學會懇談。其實他們不應該花這麼長的時間，　因為大家應該無時無刻不在懇談 —— 也就是說他們不應該用這麼長的時間來建立真誠的關係，而應該隨時擁有這種關係。

　　這些管理者後來明白了，他們需要建立真誠的關係，公司的上千名工程師及其他員工也應該建立這種真誠的關係。

　　於是，他們創建了一個學習實驗室。這是一個為期三天的培訓。他們召集一些工程師、工人、其他員工與管理人員共同參加培訓。管理者們讓員工把日常工作中遇到的難題與困境帶到培訓當中來，大家透過討論和共同學習，一起來解決問題。

　　當時的主題是：在一個多變的環境中如何做到持續、健康的發展。當他們開始學習，並開始在團隊中實踐這些知識時，整個團隊的業績開始改善，每個人都開始真誠的對話。當發展和擴大這種真誠關係的時候，隨著關係的進一步改善，團隊成員的知識也開始增加。當知識增加的時候，製造的創新、行銷的創新、設計的創新都在不斷的提高。因此，當製造出第一輛樣車的時候，所有指標都達到了預期目的。林肯大陸是當時福特公司品質最高、性能最好的車

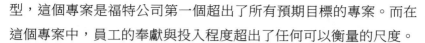

型，這個專案是福特公司第一個超出了所有預期目標的專案。而在這個專案中，員工的奉獻與投入程度超出了任何可以衡量的尺度。

一個溝通順暢的企業必然是一個工作氣氛融洽，工作效率極高的企業，在這樣的企業工作，哪怕再苦再累，也是心甘情願的，因為心情是愉快的！溝通創造和諧，溝通贏得人心，它能夠凝聚出一股士氣和鬥志。這種士氣和鬥志，就是支撐企業的精神。有了這樣的精神，又何愁企業不發展呢？

在企業管理活動中，溝通是一個不可或缺的內容。溝通的能力對企業管理者來說，是比技能更重要的能力，營造良好的人際關係，靠的就是有效的人際溝通。許多優秀的管理者，同時也是溝通高手，一個成功的企業不能僅有外部溝通，由於生產力來自於企業內部，所以企業內部溝通直接影響組織效率、生產進度、生產完成率和合格率。只有當企業和員工之間有了真正意義上的相互理解，並使雙方利益一致，這個企業才能快速發展，並得到超高品質的產品和利潤。

6．為人謙遜更易受到下屬的愛戴

【稻盛和夫箴言】

那些在權力與權威之下道德淪喪、驕矜自大的管理者一旦身居權位，便開始墮落，傲慢不遜。正因為他們以高傲的姿態去面對眾人，他們所帶領的團隊即使能獲得短暫的成功，也不能長久持續，以致到最後，團隊裡的人都不想再合作下去。由於得不到周圍人的通力合作，所以事業不能持續的發展、壯大。

第 1 章　經營企業就是經營人心—以心為本

　　所謂「得人心者得天下」，從古至今，但凡能夠穩坐天下的君主帝王，大都是「得人心」者。而在當今社會，成功的企業家之所以能成功正是因為他們是「得人心」者。他們不僅贏得了社會民眾的心，更贏得了企業員工的心。只有將企業員工的心凝聚到一起，企業管理者才能帶領員工，推動企業向前發展。

　　稻盛和夫深深認同這個理念，他也一直致力於將企業員工的心凝聚到一起。他認為，想要將員工的心凝聚到一起，最重要的就是要把自己置身於團體之中，擁有一顆謙卑的心靈，保持一種謙虛的態度，要認識到正是因為有了企業員工的努力，才會有自己的今天。

　　謙遜的品德會讓管理者認真聆聽下屬的意見和建議，並從中發現對企業有利的內容付諸實施；他不會獨斷專行，他會考量各方面的意見，從而找到正確的解決之道。相反，一個管理者驕橫自大，獨斷專行，不但會失去優秀的下屬，還會把企業帶進泥濘的沼澤。

　　福特汽車公司的創始人亨利・福特在功成名就，之後變得狂妄自滿，目空一切，獨斷專行，不思進取。對於他鍾愛的黑色 T 型車，竟然長達十九年不許別人做任何改動。有一次，他的兒子和一些工程師對 T 型車做了一些改進，於是欣喜的邀請他去參觀。他圍著新車轉了三圈，突然拿起一把斧頭就朝新車砍去！在眾人目瞪口呆、驚魂未定之際，他扔下斧頭，一言不發離開了……。

　　就這樣，亨利・福特開始眾叛親離，人才不斷流失，公司的生產經營也不斷走下坡，一度陷入破產的邊緣。

　　作為一名管理者，一般來講，無論從才識和能力，都應該是出

類拔萃的。但這也很容易讓他產生高人一等的感覺，甚至瞧不起自己的下屬。而且，他還為自己叫好，認為顯示了一個管理者的尊嚴和權威。這顯然是錯誤的。其實，你的下屬在某一方面比你優秀，有很多真知灼見，你應該學習借鑑過來，從而提高自己的素養，你表現出來的驕矜的態度，一下就拉開了你與下屬的距離，失去下屬的擁護。

相反，如果你為人謙遜，你的形象和地位不會因此受到破壞，反而會使你更加高大，更易受到下屬的愛戴和信任，你的地位也更加穩固。

稻盛和夫說：「那些在權力與權威之下道德淪喪、驕矜自大的管理者一旦身居權位，便開始墮落，傲慢不遜。正因為他們以高傲的姿態去面對眾人，他們所帶領的團隊即使能獲得短暫的成功，也不能長久持續，以致到最後，團隊裡的人都不想再合作下去。由於得不到周圍人的通力合作，所以事業不能持續的發展、壯大。」

稻盛和夫曾引用一句日本古代的諺語來表達謙卑的意義：「你的存在，就是我存在的原因。」所以他認為，維繫團隊和諧與合作的唯一方法就是管理者要把自己視為團隊的一小部分，並明確任何事情都有兩面性，然後設法面面俱到。

真正謙卑的人，能夠用真誠的心去尊重他人，這種真誠正是贏得別人信賴與尊重的基礎。在人們的共識中，只有在需要付出與貢獻的工作職位上工作的人才可以贏得愛戴的群體。其實不止是他們，當經營企業、賺取利潤的企業管理者，做到了用真誠、謙恭的心去關心別人時，也一樣能贏得他人的敬重。

第 1 章　經營企業就是經營人心—以心為本

　　管理者的謙卑和真誠既是連接自己與員工之間關係的紐帶，也是建立彼此間信任及撫平彼此間代溝的方法。在稻盛和夫看來，謙卑和真誠能使傾聽者和說話者合二為一。

　　蘇格拉底說：「我知道自己一無所知。」這是一種謙虛向別人學習的良好特質。在學習兩字面前，任何人都是學生，同時任何人都是老師。管理者要忘記自己的身分，放下架子，完全從學習的角度出發，向比自己知識更淵博的人學習。

　　魯迅先生曾說過：「夾起尾巴做人。」意思就是說，做人應該謙虛而謹慎，特別是要戒氣傲心躁，其實當領導者也是一樣。許多人當領導者當得很得意，但從現實中當領導者這個角度考慮，恐怕生悶氣的時候更多，得意少些。這是因為商場如戰場，險惡之境比比皆是，如果不夾起尾巴做人，恐怕很難立足。

　　一位偉人曾說過：「虛心使人進步，驕傲使人落後。」巴夫洛夫也告誡人們：「絕不要陷入驕傲。因為驕傲，你們就會在應該同意的場合固執起來。因為驕傲，你們就會拒絕別人的忠告和友誼的幫助。因為驕傲，你們就會喪失客觀方面的準繩。」謙虛，是人性的美德，也是馴服人、駕馭人的要領。

　　聰明的人將做領導者與做人聯繫起來，以平常心去做，領導地位才能長久；以虛榮心去做，不但地位保不住，恐怕家也不能興旺。所以曾國藩就說：「居官不過偶然之事，做人居家乃是長久之事。」當領導者與持家一樣，需苦心經營，保持常人本色。一旦失去領導地位，尚不失氣度，若貪圖領導地位，沒有平常之心，則離開領導職位之後，便覺灰心喪志。所以，不論是做領導者還是做

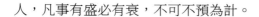

人，凡事有盛必有衰，不可不預為計。

7‧公正的對待每一個人

【稻盛和夫箴言】

一個企業的管理者就應該擁有正義的力量，因為部下對管理者的弱點相當敏感，而且很容易察覺出來，如果管理者不公正或怯懦，就無法讓大家信賴。

在工作中，各員工、各部門之間，都會發生一些不可避免的矛盾，原因當然是多方面的。可能是員工自身素養存在缺陷，在思想方法和工作方法上出現失誤，可能是各部門之間出現的交換、協調、溝通得不及時的情況，也有可能是在利益處理上出現了不公正的情況等等。出現問題非常正常，重要的是怎樣去解決問題。倘若沒有將這些矛盾處理好，會給員工、各部門帶來不好的影響，甚至會破壞了企業的凝聚力，對公司的發展大大不利。

在京瓷公司，各員工之間、各部門之間，都會經常出現一些爭執，雙方各執己見，莫衷一是。於是，多數時候他們都會爭執到稻盛和夫那裡，由他來做最終的裁決。於是，稻盛和夫在傾聽雙方述說的理由以後，所做出的結論都能夠使大家信服，好像之前的爭論從來沒有發生過，又帶著輕鬆愉快的心情返回自己的工作職位。

問題得到了解決，並非是由於最高裁決者說話沒人敢反駁。而是因為旁觀者清，當局者迷，稻盛和夫從第三者的立場出發，冷靜的看待這件事情，並且進行縝密的分析，發現其實引起糾紛的原因

是非常簡單的，因此稻盛和夫能敏銳的指出問題出現的原因，並給予他們解決問題的辦法。

每一個偉大的管理者都會擁有一種力量，就是做正義之事的勇氣。在這種力量的領導下，所有部下都會對這個管理者產生依賴感。稻盛和夫認為，一個企業的管理者就應該擁有這種力量，因為部下對管理者的弱點相當敏感，而且很容易察覺出來，如果管理者不公正或怯懦，就無法讓大家信賴。

人與人之間的關係，本來就是十分微妙的，尤其是在有利害衝突的同事之間，如果雙方都盛氣凌人，就很容易發生大大小小的紛爭。

作為管理者，如何調解下屬之間的糾紛，實在是個棘手的問題。問題如果處理不當，公事之爭變成私人恩怨，恐怕在日後的工作中就會形成難以解開的疙瘩。俗話說「明槍易躲，暗箭難防」，即使有人向你射一支明箭，也足以讓你頭痛不已。如果對下屬間的矛盾處理不當，極有可能使下屬對你心存怨恨，這也就等於埋下了一顆定時炸彈。

比如某個下屬一向表現平平，你對他也沒有什麼特別的印象，可就是這位下屬，某一天竟向你的頂頭上司告你的狀，表示對你的不滿，尤其是指責你工作分配不均。發生這種情況，很可能是由於你平時對下屬間的矛盾糾紛處置不當造成的。

作為管理者，有許多事情需要去處理，有些還是相當棘手的事情，這其中除了公事，還包括一些私事，比如下屬鬧脾氣、同事間關係不和等，都需要你去調解。

在調解這些問題時一定要做到公正，不偏不倚。隨著社會的進步和經濟的發展，人們對公正的要求也越來越高，享受公正的待遇成為人們追求並維護的權利。在一個公司和團隊裡同樣如此。這就要求管理者胸懷一顆公正之心，處事公正，這樣才會贏得員工的愛戴和信賴，也因而激發員工的團隊精神和工作積極性，促進企業持續健康的向前發展。

Motorola 公司就十分明白公正對於員工的意義，他們在人事上的最大特點就是能讓他的員工放手去做，在員工中創造一種公正的競爭氛圍。公司創始人保羅‧高爾文對待員工非常嚴格，但非常公正，正是他的這種作風，塑造了後來 Motorola 在人事上和對待競爭對手時，有一個獨特公正的風格。

早在創業初期，員工們都沒有正式的職位，不過是一些愛好無線電的人聚集在一起。這時，有個叫利爾的工程師加入了 Motorola。他在大學學過無線電工程，這使得那些老員工產生了危機感，他們不時為難利爾，故意出各種難題刁難他，當高爾文外出辦事時，一個工頭故意找了個藉口，把利爾開除了。

高爾文回來後得知了此事，把那個工頭狠狠的責罵了一頓，然後又馬上找到利爾，重新高薪聘請他。後來，利爾為公司做出了巨大的貢獻，向高爾文充分展示了自己的價值。在公司後來發展的過程中，為 Motorola 公司工作的人很多是一些有個性的人，當他們發生爭執時，都吵得非常厲害。但高爾文作為老闆，以他恰當的人際關係處理方法，使他們在面對各種艱難工作時，能夠團結一致，順利進行。

　　管理者在處理事務時，無論是獎懲，還是人事安排，都不能背離公平的準則。尤其是當自己涉入其中時，處理起來更要公正。不然，只去處理別人，而把自己置身事外，就失去公信力和說服力了。

　　制度面前人人平等，無論是普通的員工，還是高級主管，管理者都要一視同仁，公平公正。

　　處事公正是優秀管理者必須具備的品德之一，不要被手中的權力沖昏頭，而去做有失公正的事情，無論對於企業，還是對於管理者自己，這都百害而無一利。

　　作為一個管理者，應胸懷一顆公正之心，處事公正，才會贏得員工的愛戴和信賴，也因而激發員工的團隊精神和工作積極性，促進企業持續健康的向前發展。

8．先律己後律人

【稻盛和夫箴言】

　　每當我夾起他們精心為我準備的菜餚時，我就會想，事業的成功既不是靠美國式經營，也不是靠日本式經營，而是身先士卒起到了決定性作用。

　　稻盛和夫說：「每當我夾起他們精心為我準備的菜餚時，我就會想，事業的成功既不是靠美國式經營，也不是靠日本式經營，而是身先士卒起到了決定性作用。」

　　日本早稻田大學教授堺屋太一，一九八八年和稻盛和夫一起作

為演講嘉賓，出席在歐洲舉辦的一個演講會。當時的京瓷已經是一個國際性的大企業，稻盛和夫創立的 KDDI 也飛速發展，稻盛和夫作為日本首屈一指的企業家自然是腰纏萬貫。無論在杜賽道夫、還是在巴黎，都有京瓷集團的大批派駐人員到機場迎候。

讓堺屋教授驚訝的是，稻盛和夫夫婦卻以「本次並非公務訪問」為由而一切自理，與普通遊客一起乘坐市內觀光巴士，在尋常餐廳用餐。稻盛和夫甚至還親自到海關辦理購物退稅手續。堺屋教授不由感嘆：「此人果然表裡如一。」

稻盛和夫為什麼能做到這一點呢？我們可以想像，即便是非公務出行，他的部下們也肯定會千方百計為他提供方便，這是人之常情。這種情況下，如果作為最高領導人的稻盛和夫，私底下稍有懈怠，化私為公的事情就會很自然的發生。但是，稻盛和夫卻能夠做到公私分明，說明他真的做到了嚴於律己。

嚴於律己是律人的前提，只有做到自我管理，才能要求下屬去執行。優秀管理者應該嚴格要求自己，起到為人表率的作用，用實際行動影響和帶動身邊的人一起努力工作。

國外某企業家認為，如果想知道一家企業的員工的整體素養如何，只需要了解其中的管理人員的素養，就可以知道員工的素養怎樣。這話的確有道理。每個管理者都是下屬注意的焦點，也是員工積極類比的對象，管理者有什麼樣的行為、舉動，會直接影響到員工。假如你想讓員工嚴格要求自己，就必須先嚴格要求你自己。

松下幸之助是日本著名跨國公司「松下電器」的創始人，被人稱為「經營之神」。他就是一個「嚴於律己，寬以待人」的人。而

他自己也將「以身作則」作為自己的座右銘。

一天，松下幸之助相當惱怒，因為他的一位下屬辦事缺乏經驗，有一筆貨款很難再收回。他為此在大會上對這位下屬毫無情面的責罵了一頓。

可是事後，情緒恢復平靜的松下想了想自己的行為，覺得有點過分。他想起自己也是在那筆貨款發放單上簽了字，而下屬只是沒把好審核關而已。自己也應該負責任，卻沒有主動承擔，而全都推給了那位下屬，這實在是一種錯誤。想通之後，松下沒有因為自己是管理者而文過飾非，而是馬上打電話給那位下屬，誠懇的道歉。恰巧那天下屬喬遷新居，松下幸之助便登門祝賀，還親自動手幫下屬搬家具，忙得滿身大汗也顧不上擦乾，下屬看了很感動。然而，松下的「悔過」並沒有結束。一年後的同一天，他又給那位下屬寄去了一張明信片，並在上面留下了一行親筆字：讓我們忘掉這可惡的一天吧，重新迎接新一天的到來。看了松下幸之助的親筆信，這一位下屬非常感動。從此以後，他加倍努力，而且再也未犯過錯，對公司鞠躬盡瘁。一個如此大的公司的老總，能放下架子向下屬真誠的認錯，這成為了企業界的一段佳話。

松下開始時對下屬不滿，將責任都推給對方，後來，他能夠勇於自我責罵，同時包容下屬，結果他贏得了下屬的加倍努力作為回報。承認錯誤是勇敢的表現、誠實的表現，不但能融洽人際關係、創造平和氛圍，而且能提高自己的威望、增進別人對你的信任。一個嚴於律己的人應該勇於承認錯誤，從另一個方面講，勇於自我責罵也是包容他人的一種展現。

松下在嚴於律己的同時，對待別人能像大海一樣包容，其中的一個表現就是他善於「糊塗」。

後騰清一在松下公司擔任廠長。他雄心勃勃，一直想大有作為。可是，天不從人願，由於他的失誤，工廠失火，大火把整個工廠燒成一片廢墟。後騰清一十分惶恐，因為他擔心發生這麼大的事故不僅廠長的職務保不住，還很可能被追究刑事責任。他不敢去面對松下幸之助，心灰意冷。但這一次讓後騰清一感到意外且欣慰的是，松下連問也不問，只在他的報告後批示了四個字：「好好做吧。」

松下的做法深深的打動了後騰的心。由於這次火災發生後，沒有受到懲罰，後騰心中十分愧疚，他更加死心塌地的為松下效命，並以加倍的努力工作來回報松下的寬容。

松下幸之助的做法看似不可理解，這樣大的事故竟然不聞不問。這說明松下的包容能力很大。其實這樣做正是松下的精明之舉。後騰清一的錯誤已經鑄下，再深究也不能挽回公司的經濟損失。在犯小錯誤時，大多數人並不介意，所以需要嚴加管教。而犯了大錯誤，任何人都知道自省，還用你上司去責罵嗎？松下用自己的寬容和大度，換得了後騰清一的忠心擁戴。

松下幸之助，不愧為「經營之神」，他經營企業神乎其神，關鍵在於他會經營人：經營自己，以身作則，有過必究；經營他人，包容天地，難得糊塗。

一個心胸狹窄、對自己的錯誤找藉口甚至力圖掩蓋的人，是不會在財富的道路上走得遠的；而一個「以責人之心責己，以恕己之

心恕人」的人，必將擁有強大的自己和雄厚的人脈，從而更容易獲
得財富的金礦。

　　競爭無處不在，處處都如戰場，其實就像在帶兵。我們的一
舉一動都將影響事業的進展。對自己苛求，這有利於減少自己的錯
誤，減少事業發展中的彎路；對別人包容，這將會讓周圍的人和你
相處感覺很輕鬆，感覺你是一個值得信任和交往的人，那麼你的人
際交往的圈子就會越來越大，周圍的那些能人都願和你打交道，肯
為你出力，你事業成功的可能性也就會增大。一個人要想成為富
人，就應該做到常自我反省，出了錯要勇於承擔，而對別人則要學
會包容。

9·用一致的目標團結下屬

【稻盛和夫箴言】

　　企業若是不能讓其中的成員密切合作，便會遭遇失敗的命運。
特別當大家各有不同的意圖時，群體的力量就會分散。成功的公司
有辦法使每個成員都能朝著一定的方向前進，並讓每個人都有發展
的空間。

　　稻盛和夫說：「企業若是不能讓其中的成員密切合作，便會遭
遇失敗的命運。特別當大家各有不同的意圖時，群體的力量就會分
散。成功的公司有辦法使每個成員都能朝著一定的方向前進，並讓
每個人都有發展的空間。」

　　對於一個企業來講，上下員工團結一致才是企業成功的有力基

石。因為一個企業的發展並不可能依靠個人力量，而是需要依靠團隊的力量。而團隊中的成員只有團結起來才能將力量最大化，如果團隊中的成員不團結，並且相互牽制、爭奪，反倒不如一個人的力量了。所以，一個企業管理者，要想企業能良好的發展下去，就必須用一致的目標將企業上下員工團結起來。

日本松下電器的創始人松下幸之助曾經講到，中層經理一旦進入松下，就會被告知松下未來二十年的遠景是什麼。首先告訴他松下是一個有遠景的企業；其次，給這些人以信心；第三，使他們能夠根據整個企業未來的發展，制定自己的生涯規劃，使個人生涯規劃立足於企業的發展遠景。

在松下公司剛剛創業不久，松下幸之助就為所有的員工描述了公司的遠景，一個兩百五十年的遠景，內容是這樣的：

把兩百五十年分成十個時間段，第一個時間段就是二十五年，再分成三個時期：

第一期的十年是致力於建設。

第二期的十年是「活動時代」──繼續建設，並努力活動。

第三期的五年是「貢獻時代」──一邊繼續活動，一邊用這些建設的設施和活動成果為社會做貢獻。

第一時間段以後的二十五年，是下一代繼續努力的時代，同樣的建設、活動和貢獻。從此一代一代相傳下去，直到第十個時間段，也就是兩百五十年之後，世間將不再是貧窮的土地，而變成一片「繁榮富庶的樂土」。

就正因為這一遠景，激發了所有人的熱情和鬥志，讓所有人都

誓死跟隨他。

見過天上在飛的大雁嗎？一群大雁在飛行的時候通常都是排成「人」字形或者「一」字形的，你有沒有想過，這群大雁裡面誰是領導者呢？有人說是領頭的那隻。假設某天有個獵人將領頭的大雁射了下來，你覺得大雁接下去會採取什麼樣的行動呢？是繼續飛行還是一團亂麻？實際上，大雁們會在失去領頭雁的那一瞬間會出現混亂，但是牠們就會在非常短的時間內重新產生領頭雁並且很快的恢復陣形繼續飛行。有人就在思考，為什麼大雁可以如此從容的面對這麼大的一件事故？其實原因就在於牠們有一個共同的目標。牠們嚮往的那個非常舒適，能夠給牠們帶來食物和美好環境的南方，這就是牠們飛行的需求。其實，在飛行過程中，不存在什麼領導者，牠們願意自發自覺的組成序列努力飛行，就是因為在牠們心中的那個美好的未來。

同樣的，什麼才可以讓員工們自發自覺的努力工作呢？答案也是目標，他們所嚮往的美好未來。在這樣一個美好未來的指引下，即使閃電擊破長空，即使風雨交加，即使面對獵人的追殺，他們也願意打拚下去，只因為他們心中那一片極致美麗的遠景。

稻盛和夫在創業之初就曾立下重誓：「吾等定此血盟不為私利私欲，但求團結一致，為社會、為世人成就事業。特此聚合諸位同志，血印為誓。」當時跟隨稻盛和夫的僅有八個人，而四十多年後，稻盛和夫卻成為迄今為止世界上唯一的一位一生締造兩個世界五百強企業的人。

稻盛和夫的成功正是因為他用正確的價值觀凝聚了無數的人

才，並用正確的決策將這些人才團結在了一起。團結的團隊，其力量是無窮大的，這力量就是企業發展壯大的原動力。企業的領導者要想企業發展壯大，就一定要用正確的價值觀和決策，用一致的目標將企業員工緊密的團結起來。

10・以德為本創建「和諧企業」

【稻盛和夫箴言】

以德為本可以創建「和諧企業」，而依靠權力來壓制別人或者依靠金錢來刺激員工，這類方法顯然無法建設「和諧企業」。

無論是做人做事，還是經營企業，甚至一個國家的治理，都應該本著一個「德」字。國際日本文化研究中心的川勝平太教授曾設想出「富國有德」的國家發展模式，稻盛和夫有感於川勝平太教授「立國不憑富而因德」的這個思想，他認為，這個思想可讓日本在諸國中立足並強大，不是透過武力或經濟實力，而是以「德」的行為獲得他國的信任和尊重。所以稻盛和夫也提出，應該把「德」作為日本國策的基礎。他主張日本的目標既不應是經濟大國也不應是軍事大國，而應是以「德」重建國家；既不應是擅長打小算盤的國家，也不應是忙於炫耀軍事力量的國家，而應是以人類崇高精神之「德」作為國家理念，並與世界接軌的國家。

這是稻盛和夫的「治國安邦，德為根本」的想法。德，即道德，是安身立命的根本。從事教育，自古就講求師德；作為醫治蒼生的醫生，也必須遵循醫德。其實，從事任何行業都應講求「行業

道德」，歸到本質而言，做人與做事皆應以「德」為本。所以，作為一個企業家，回歸到經營中就應該依循「商德」。稻盛和夫也將「德」看做是經營之本。他引用古語「德勝才者，君子也。才勝德者，小人也。」來表達自己對德的認知。

這是稻盛和夫強調「德」在經營中極為重要的思想的展現。在經營中，稻盛和夫一直堅持遵循事物的本質，用正確的原則和方法作為自己判斷的基準，這種始終貫徹「德治」的行為，展現的正是稻盛和夫展開事業的目的與方向。

在稻盛和夫看來，具有高尚品德的經營者，能夠得到企業員工、顧客及競爭對手的尊敬，所以「以德為本」的理念是一個放之四海而皆準的準則，是企業持續繁榮的有效方針。稻盛和夫曾說過：「以德為本的經營，還有一個要點，就是要求領導者在企業內樹立明確的判斷基準。」他認為，這個判斷基準可以概括為「作為人，何謂正確」這麼一句話。

「正確」經營就是「以德為本」在取得長遠發展的大企業中，這也被用來作為經營的核心理念。說起自己尤為敬重的經營者，稻盛和夫一直很推崇松下公司的創始人松下幸之助，以及創立「本田科學研究工業」的本田宗一郎，稻盛和夫認為這兩位企業家就是用他們高尚的品格來經營企業的，並在這種「德」行中獲得了成功。

稻盛和夫認為，以德為本可以創建「和諧企業」，而依靠權力來壓制別人或者依靠金錢來刺激員工，這類方法顯然無法建設「和諧企業」。這樣的經營，即使能夠獲得一時的成功，但終將招致員工的抵制，露出破綻。企業經營必須把永續繁榮作為目標，只有

「以德為本」的經營才能實現這一目標；另外，這種「以德為本」的理念，不僅在組織內部適用，在與客戶商談交涉的時候也很有必要。比起玩弄手段、抓住對方弱點討價還價、以勢壓人等辦法，以「德」也就是以「仁、義、禮」為基礎，用合理的、人性化的方法進行協商交涉，成效將更為顯著。

稻盛和夫用孫中山先生訪問日本時說過的「王道」與「霸道」來比喻經營企業的兩種方法。孫中山這樣對日本人說：「西方的物質文明是科學的文明，而今演變為武力文明來壓迫亞洲。這種做法，用古話說，就是『霸道』文化。我們東亞有比霸道文化優越的『王道』文化。王道文化的本質是道德、仁義。」

這其中的「霸道」指的是經營中的不當策略，包括自私的「利己經營」，而「王道」即是指經營中的「以德為本」的經營理念。這顯示經營在於經營者本身，只有經營者自己成為一個「有德之人」，那麼企業的管理才能依德而治。所以，稻盛和夫認為，企業的經營成敗決定於領導者本身。經營者本身品格的高低將決定企業發展水準的長遠與否，當企業經營者以德為本進行企業的經營時，就是和諧企業建立的開始。

第 1 章　經營企業就是經營人心—以心為本

第 2 章

全員主動參與經營 ——阿米巴經營

在組織的成員與領導人一起努力實現自身目標的同時，也會逐步提高經營者的意識。因此，可以說，「阿米巴經營」是培養領導人、提高全體員工經營者意識的完美的教育體系。

—— 稻盛和夫

1・樹立員工的主人翁思想

【稻盛和夫箴言】

　　讓每一個員工都成為企業的主角，就能夠讓員工站在「舞台」的最中央，讓員工在感受到企業對他重視的同時也能夠讓員工施展自己的抱負，有助於實現員工的自我價值，進一步激發員工的事業心和責任心。

　　在京瓷的發展歷程中，讓每一位員工都成為企業的主角，讓每一位員工都積極的參與到企業的日常管理中來，這是京瓷不斷發展壯大的一個主要原因，也是稻盛和夫的阿米巴經營哲學的核心理念之一。

　　讓每一個員工都成為企業的主角，並不是讓每一個員工採用「輪流坐莊」的方式進入管理層，而是積極的去挖掘員工的潛力，讓他們在自己擅長的工作職位上扮演主角，從而更好的實現企業的管理目標。

　　在阿米巴經營中，讓每一個員工都成為企業的主角，不僅展現出了企業對員工的個人價值的尊重和認可，而且非常有利於增加員工在企業中的歸屬感，讓員工對企業的忠誠度大大提升，從而為企業的發展留住人才。

　　稻盛和夫曾這樣說：「讓每一個員工都成為企業的主角，就能夠讓員工站在『舞台』的最中央，讓員工在感受到企業對他重視的同時也能夠讓員工施展自己的抱負，有助於實現員工的自我價值，進一步激發員工的事業心和責任心。所以說，只要一個企業擁有一

大批能夠將自己看做主角的員工，那麼這個企業就會獲得超強的競爭力。如此一來，企業的發展前途當然不可限量。」

一九八九年十一月，五千名員工在拉塞爾‧梅爾的領導下，每人集資四千美元，共計二點八億美元，買下了 LTV 鋼材公司的條鋼部，在這二點八億美元中，二點六億是借來的。他們把這個部門命名為聯合經營鋼材公司。

梅爾給這個新成立的公司所上的第一課是關於 LTV 鋼材公司在最近幾個月中所遭受的挫折，他想使他的公司能夠應付鋼材市場即將出現的疲軟局面。

在聯合經營鋼材公司，梅爾一改以往的工作方法，恪盡職守的行使領導職權。他總是講實話，把所有情況公開，與員工同甘共苦，並且總是讓員工看到希望。他深信這是激勵員工、充分調動員工積極性的最佳方法。

梅爾知道，為使員工充分施展才能，必須讓他們懂得怎樣以雇員又是主人的姿態自主的、認真負責的做好工作。為實現這一願望，他認為最好的方法是把所有資訊、方法和權力都交到那些最接近工作、最接近客戶的員工手中。他深信，如果他能夠使所有員工都感覺到他們對公司的經營情況擔負著責任，那麼公司的一切，無論是員工信心還是產品品質都會得到提高。他說：「如果鋼材是由公司的主人生產的，其品質肯定會更好，這是毫無疑問的。我們的目標是創建一個能夠充分滿足客戶要求、為客戶提供具有世界一流品質的產品和服務的公司。只有實現了這些目標，我們這些既是公司的員工又是公司的主人的人才能保住穩定的工作，才能使我們公

司的地位得到提高。」

　　梅爾清楚，要實現這一目標，公司必須開創一個員工充分參與合作的新時期。只有這樣，公司才能在鋼材行業處於激烈的國際競爭、特殊鋼廠不斷湧現、獲得高額利潤的產品不復存在的環境下生存下去。要想獲得成功，梅爾說：「我們必須採用一套新的管理機制，來為所有員工創造為公司的興旺發達貢獻全部聰明才智的機會。」

　　聯合經營鋼材公司理事會的人員結構展現了梅爾的觀點：其中四位理事是由工會指派的，三位來自管理部門，包括梅爾本人和另一名拿薪水的員工。

　　然而，讓員工明白他們應怎樣為公司的興衰成敗承擔起責任並非一帆風順。把錢留下，買些股票，員工就成了股東，但他們對這樣做到底意味著什麼卻一無所知。更有甚者，很多員工都表示他們願意負更多的責任，願意進一步參與公司的事務，但是他們就是不承擔他們各自的義務。對他們來說，什麼是有獨立行為能力的成人，什麼是依賴別人，都不清楚。

　　我們很多人天生就有一種希望得到別人的關心照料的欲望，希望有人保護，使我們免受那種社會殘酷競爭的侵擾。作為對這種保護的回報，我們心甘情願的聽命於別人，依賴別人，忠實於別人，心甘情願的放棄支配權。所以，即使員工表示打算負更多的責任，願意參與決定公司前途命運的決策工作，他們也往往不願自始至終的履行自己的諾言，因為他們既害怕失敗，又擔心自己的能力，所以他們就會踟躕不前，梅爾明白這種心理。

「我們大家都是環境的產物，」梅爾說：「假如你在一種環境中工作了三十年，在這種環境中，所有的事都是以一種單一的方式做的。突然某個人對你說：『這裡的一切都需改變。』這時，你也會困惑。你可能會說出這樣的話：『雖然我是主人，你卻想讓我一週來這裡工作四十個小時？你的意思是說我還得做同樣的工作，拿同樣的薪水？那麼我當主人又有什麼意義呢？我見過的主人沒事就到酒館去喝啤酒，想走就走。』」

所以，梅爾還必須設法讓員工明白當主人應做些什麼，使他們的思考軌道從「好了，那是他們的問題。」轉換到「我即是公司，所以這事最好由我來處理。」的軌道上來。

聯合經營公司的工作人員現在有雙重身分，一種身分是雇員，另一種身分是公司的主人。雖然這兩種身分不同，但每一種身分都會對另一種起促進作用。

樹立員工的主人翁思想，必須在精神上和經濟上共同下工夫。精神上的歸屬意識產生於全身心的參與。當員工認識到他們的努力能夠發揮作用，認識到他們是全域工作中必不可少的環節時，他們就會更加投入。要使他們全身心的參與，還必須讓他們在經濟上與企業共擔風險，共用利潤。

員工的歸屬感首先來自待遇，展現在員工的薪水和福利上。衣食住行是人生存最基本的需求，買房、買車、購置日常物品、休閒等都需要金錢，這都依靠員工在公司取得的薪水和福利來實現。在收入上讓每個員工都滿意是一項比較艱難的事情，但是待遇要能滿足員工最基本的生活需求才能在最基本的層面上留住人才。因

此，待遇在人才管理中只是一個保證因素，而不是人才留與走的激勵因素。

一部分人在從事工作的同時，他們不單單是為了自己的薪水待遇，他們更注重自己在企業中的位置與個人價值展現，以及自己未來價值的提升和發展。個人價值包括技術能力、管理能力、業務能力、基本素養、交涉能力等，領導者提供機會幫助員工增強以上能力，是企業增強魅力、吸引人才的重要手段。

增強員工歸屬感還需要特別注重每個員工的興趣。興趣是最好的老師，有興趣才能自覺自願的去學習，這樣才能做好自己想做的事情。作為領導者應該盡可能考慮員工的興趣和特長所在。擅長管理的，盡可能去挖掘、培養他的管理能力，並適當提供管理機會；喜歡鑽研技術的，不要讓其去做管理工作。

增強員工的歸屬感，平等是非常重要的，要建立合理的規章制度，無論是什麼人，領導的「紅人」也好，普通員工也罷，都要嚴格按照規章辦事，做到「王子犯法與庶民同罪」這樣員工就會在心理上感受到待遇的平等，心靈上也就得到了滿足。

適當的壓力有利企業的發展。企業應給予合理的壓力和動力給各級員工。沒有壓力和動力的企業必然沒有創新和發展，但壓力太大，員工肯定很難承受。同樣，企業不為員工加油，員工肯定不會有動力，企業也就談不上進步。

管理者具有良好的親和力，建立良好的工作氛圍。一個勾心鬥角、利慾薰心的企業，說員工有很強的歸屬感，恐怕也是假話。

當然，還有很多因素制約員工的歸屬感，如果連以上幾點都做

不到，其他方面也是空話了。如果想創造一個良好的團隊，就要讓員工能把公司當家一樣去看待，讓他們覺得他們是公司的一分子，他們不是老闆的奴隸，老闆不是一個獨裁者，老闆會採納大家意見，讓大家覺得他們也是公司決策的一分子，公司的每一個成就都有他們的一份汗水。讓他們感覺你是真正關心他們的需求。任何人都希望讓別人喜歡他，讓別人認可他，讓別人信服他，讓別人覺得他重要。

2‧培養阿米巴式的領導人

【稻盛和夫箴言】
十個員工中肯定有一個就是經營者。

培養人才是阿米巴經營的根本目的。稻盛和夫透過將阿米巴的經營權下放給現場的員工來不斷的培養出無數具有阿米巴經營意識的優秀人才，而且非常有效的讓京瓷避免了企業規模不斷擴大而滋生出的「大企業病」 —— 這種把經營權下放的經營方式對員工的成長有著強大的推動作用。

在京瓷中，最常見的一個現象就是二十多歲的年輕人可能領導著四十多歲的人在工作，而這個最年輕的人就是這群人的領導人 —— 阿米巴的領導人。在京瓷中之所以經常看見這樣的場景，最主要的原因就是稻盛和夫提倡以能力來選擇阿米巴領導人，而年齡、工作經驗等因素並不是京瓷選擇阿米巴領導人的主要因素。可以說，在京瓷中，哪怕是一個六歲的孩子，只要他是其所在的阿米

巴中最有領導力的人，那麼他就可以是這個阿米巴的領導人。

　　在京瓷中，成為一個阿米巴的領導人並不是一件非常輕鬆的事情，有時候他們要指示或者鼓勵自己的員工為完成企業目標而努力工作，有時候還需要在遇到困難之時挺身而出，而制定阿米巴的工作計畫與績效目標都成為其最基本的工作。然而，在京瓷中作阿米巴的領導人並不是一件非常不愉快的事情，很多的京瓷員工都有這樣一個認識：一旦自己體會到了掌舵阿米巴的樂趣之後，就會嘗試著向更高的目標發起挑戰，追求更大的成就感。

　　聰明的領導者即使自己很優秀，他也知道還有比自己更優秀的人，他的職責就是如何尋找並發揮這些人的智慧，來完成自己的工作。這正如管理專家所說：「能用他人智慧去完成自己工作的人是偉大的。」

　　在艾爾弗雷德 · 斯隆任通用汽車副總裁期間。通用總裁杜蘭特經營管理不善，使公司汽車銷售量大幅度下降，公司危機重重，難以維持，杜蘭特因此引咎辭去總裁職務。作為副總裁的斯隆雖然幾次指出公司管理體制上存在問題，但杜蘭特未予以採納。杜蘭特下台以後，在通用汽車公司擁有最大股份的杜邦家族接管公司，並任杜邦為總裁。由於杜邦對汽車是外行，因此他完全依靠斯隆。斯隆對公司採取了一系列整改措施。

　　斯隆分析了公司存在的弊端，指出公司的權力過分的集中，領導層的官僚主義是造成各部門失控局面的主要原因。於是他以組織管理和分散經營二者之間的協調為基礎，把兩者的優點結合起來。根據這一樣主導思想，斯隆提出了公司組織機構的改革計畫，從而

第一次提出了事業部制的概念。

斯隆提出的這一系列方案，贏得了公司董事會的一致支持。於是，斯隆的計畫開始付諸實施。

通用汽車公司在以後幾十年的經營實踐中，證明了斯隆的改組計畫是完全成功的。正是憑藉這套體制，獲得了較快的發展。

根據斯隆的「分散經營、協調管理」這一原則，在經濟繁榮發展時，公司和事業部的分散經營要多一些；在經濟危機、市場蕭條時期，公司就要集中管理。一些企業界人士認為，這是通用公司不斷發展壯大的主要原因之一。

斯隆在通用汽車建立了一個多部門的結構，這是他的又一個創造。他把最強的汽車製造分成幾個部門，幾個部門間可互相競爭，又使產品等級多樣化，這在當時是比較先進的一種方法。

通用汽車基本上有五種不同的等級，這些不同等級的汽車有不同的生產部門，每個生產部門又有各自的主管人員，每個部門既有合作又有競爭。有些產品的零件幾個部門是可以共同生產的，但各部門的等級、牌號不同，在式樣和價格上各部門之間卻要相互競爭。各部門的管理者論功行賞，失敗者則自動下台。正是斯隆卓越的領導才能，使通用汽車公司充滿了生機和活力。斯隆成功的手段就是分權制。一位主管是不可能把所有事情都處理得十全十美的。在瞬息萬變的商場上，管理者的判斷往往會決定一個企業的成敗。建立分權機制，在於有利企業靈活機動的處理問題，從一人獨斷變成大家共同決定，這就大大的減少了判斷錯誤帶來的風險。

有一些大企業是第一代主管打下來的，但實際上他已經不再跟

得上形勢了。這樣情況下建立分權機制，保證公司決策正確更加具有意義，而且分權作為一種制度固定下來後，對於權力觀念色彩重的主管具有強大的約束力。

正所謂「成也用人、敗也用人」尊重人才，授權給人才，讓人才發揮智慧為自己工作，是聰明領導者的用人之道。

在阿米巴的經營中，稻盛和夫最常說的一句話就是：「十個員工中肯定有一個就是經營者。」阿米巴的領導人的責任並不是簡單的增加自己阿米巴的業績獲利那麼簡單。他們在努力增加自己阿米巴的業績獲利的過程當中，更為重視培養判斷基準和正確的思考方式。同時，阿米巴的領導人都有責任讓自己阿米巴的員工們積極的參與到經營活動中，並且要不斷的挖掘和培養下一個阿米巴的領導人。

在京瓷中，作為一個阿米巴的領導人，哪怕自己是一個班長或系長，也一定要具有社長的意識。現在的京瓷大概有六萬三千四百七十七名員工（非控股子公司除外），總共被劃分為一千兩百多個阿米巴。正應了稻盛和夫的那句話 ——「十個員工中肯定有一個就是經營者」。從這一點來看，京瓷和很多的因為職位不夠而導致員工有部長級別能力的總是處於系長級別的企業有著很大的差別。可以說，正是這種差別讓京瓷成為世界頂級企業之一。

下放權力，培養阿米巴領導人並不是說要放任自流。在最開始的時候管理層需要給員工提供一些簡單易掌握的管理工具，好讓員工成為一個盡快能夠在小組織中成長起來的人，這一點非常重要（阿米巴經營中的管理工具最為常見的就是工作時間核算）。

沒有任何一個人是天生的領導者。所以企業在培養自己的未來管理者之時一定要懂得累積成功經驗，並且積極的為員工管理能力的提升創造出一個不錯的環境氛圍。稻盛和夫在經營阿米巴的過程中總是非常注重為員工提供一個不斷成長的環境氛圍，因為這種環境氛圍能夠讓阿米巴經營獲得更大的自由，有助於阿米巴經營的快速擴張。

3‧時間的精確化管理

【稻盛和夫箴言】
掌握時間的精確管理方式是企業得以長遠發展的基礎。

稻盛和夫曾經說過，掌握時間的精確管理方式是企業得以長遠發展的基礎。精確比精細好，對企業管理精確比精細更重要，精細沒有標準，但部下做起來無法掌握分寸，沒有標準；而精確就要求領導者對每一項工作明確細到什麼程度，最好還要有如何做到這樣細的程度，這樣工作就有執行與檢查的標準了。

簡單的說，精確管理，就是將電腦技術、網路技術、管理技術與文化融合起來，產生出一種行之有效的、技術化的、可操作的、具體化的管理模式，並能無限的複製，依此執行就能夠逐步的、部分的解決企業管理中的問題與現象，最終做到「掌握到每一分錢，控制到每一分鐘」。

「精確管理」被業界譽為有「魔力」的管理思想，並被媒體喻為「最有價值的本土管理思想」，受到眾多企業家的推崇。

　　精確管理是從一九八〇年代開始創立的，創立之初研究點就在於何為管理，管理就是讓人能夠有更大的產出。很多領導者誤認為管理就是讓大家去執行領導者想的事情，造成了一種虛假的繁榮，和善的氛圍，但這並不是員工所需要的。

　　員工到底需要什麼呢？這就要求管理回歸原本，以人為本。在稻盛和夫看來，管理的最高境界是無為而治，如果自我管理也能把組織管好，就達到了最好的效果。精確管理實際上是用了無為而治這樣的方法，使得一個組織中的主體 —— 人，能夠自我的調節自己，從而最終實現組織的高效。阿米巴經營就是一種精細化的高效管理方式。很多人認為阿米巴經營就是將企業分成若干個小組織而已，但是這明顯是一種非常錯誤的認識。阿米巴經營不是簡單的將企業分成很多個小團體那麼簡單，而是建立在獨立核算基礎上的分裂、合併與成長。阿米巴經營的過程就是一種所有企業員工都參與的過程。在阿米巴的經營模式當中，企業經營的基礎就是企業與員工之間達成了彼此信任且在共同努力的目標前提下進行強有力的合作。可以說，正是阿米巴的這種合作模式讓企業很好的激發了所有員工的工作熱情，增加了所有員工而不是僅僅一部分人的成就感。可以說，阿米巴經營不僅僅是進行企業現場改善的優良工具，更是一套具有獨特性的先進企業管理體系。

　　阿米巴經營的重點就是工作時間核算制度，因為工作時間的核算制度能夠讓市場需求的彈性清楚的反映出來，從而最大限度的發揮企業的潛能。

　　一九五九年正值京瓷創立的初期，其主要的專案就是生產製

造電視機映像管的零件。當時的京瓷是一個處在產業鏈最低端的小企業，根本沒有資格和銷售商討價還價，所以想要獲得更高的利潤只能是盡可能的減少開銷。然而對於稻盛和夫來說，不論京瓷再怎麼節省就是無法發展——微薄的利潤讓京瓷招不到經驗豐富的工人，招不到優秀的研發和管理人才，更是無法更新企業的生產設備。就是在這樣一種狀態下，稻盛和夫開始仔細思索如何在不依靠設備的情況下讓企業的效益得到提升。在經過一段時間的觀察與思考之後，稻盛和夫找到了那個讓京瓷發達的答案——充分挖掘員工身上的潛力，將所有員工的發展潛力轉化為競爭力，畢竟企業是人的企業而不是機器的企業。

為了挖掘員工的潛力，稻盛和夫先是根據工作量的大小實施三班制度。但是這種機械式的強制性工作不但沒有讓員工的潛力得到開發，相反，還使得員工怨聲載道。在這種情況下，稻盛和夫只能採取新的辦法：告訴員工們企業的發展現狀，如果我們的成績提升不起來，那麼我們就都有可能面臨著失業，所以大家要加倍的努力！

在企業的發展歷史上，幾乎所有的企業都認為將企業的重要資訊毫無保留的告訴員工一定會造成資訊外洩，從而影響企業的發展，因此企業的實際經營狀況只有企業管理者自己知道就行了。但是，稻盛和夫卻不這麼看待，他認為只有讓員工了解了企業的經營狀況之後才能夠澈底的激發員工的信心和責任心。所以，稻盛和夫開始努力的將京瓷的經營狀況展示在員工面前。

將企業的經營狀況展示給員工，這並不是一件非常容易的事

情，關鍵就是找到所有人都能夠理解的方式。當時，京瓷的主要經營模式就是按照客戶的訂單將客戶所需要的零件生產出來交給客戶，因此京瓷的發展主要就是依靠客戶的訂單。在這種情況下，稻盛和夫認為提高京瓷業績的關鍵就是以銷售為主導，於是他立刻根據京瓷的實際需要組建了一支銷售團隊，同時稻盛和夫也開始嘗試著將各個生產環節進行細分，以此來獲取更多的利潤。

在做出這一決定之後，稻盛和夫首先將單價、訂單數量、訂單金額等重要資訊傳達給每一個員工，然後又告訴大家與訂單緊密相關的生產計畫和利潤目標。稻盛和夫的這種方式不是告訴員工「你生產了什麼產品」，而是告訴員工「你們生產了價值多少錢的產品」。

可以說，稻盛和夫的這個經營策略為京瓷的發展帶來了轉折性的改變。此後，京瓷的企業規模不斷擴大，有了很多生產基地和專門的工廠，而且這些基地與工廠之間還形成了非常好的良性競爭。在這種經營方式最開始的時候，稻盛和夫將每一個獨立出去的部門稱為阿米巴，並使用工作時間產值（用各個阿米巴的產值除以總時間）來評估阿米巴的效益。但是實際上這種評估方式並不公平。比如說，專門生產陶瓷的阿米巴使用廉價的原材料來生產陶瓷，而安裝金屬配件的阿米巴，由於金屬配件的價格本來就很高，不需要特別努力就能夠非常輕易的獲取高產值，其工作時間的產值就比較高，這就導致了評估方式的不公平。

鑑於此，稻盛和夫開始使用新的核算方法 —— 工作時間核算，即從產值中扣除所有成本之後再除以總時間作為新的阿米巴評

估標準。結果，原本阿米巴之間的不公平核算被消除，阿米巴之間
啟動了公平競爭的模式。由京瓷企業自身特點所決定，稻盛和夫最
先是在製造部門中開始使用工作時間核算制度。後來隨著企業的不
斷擴大，一九七〇年的時候稻盛和夫又先後在管理部門和銷售部門
實施工作時間核算制度。而管理部門沒有將產值作為評估依據，稻
盛和夫就將管理部門的工作時間核算看做是非獲利性的且能夠考察
企業支出費用和工作時間的阿米巴。

自從稻盛和夫將工作時間核算的方式推行到整個企業當中之
後，京瓷的生產效益開始獲得提升，迅速的由最初十幾個阿米巴分
裂出了一千兩百多個阿米巴。成為世界企業史上的奇蹟 —— 在全
球五百強企業當中唯一一個以生產零件為主的企業。可以說，稻盛
和夫的成功就是大力發展基於牢固的經營哲學和精細的部門獨立核
算管理形成的「小團體」。

4‧給員工更多的權力與責任

【稻盛和夫箴言】

要想讓企業員工能夠與經營者擁有相同的經營理念，一個可行
的方法就是把企業劃分成不同的小組織，然後把這些小團體的經營
放權給這些部門的員工。員工得到了授權，自然就會對相關的經營
活動產生興趣，當經營活動獲得成果時，他們自然會體會到工作的
價值和喜悅。

阿米巴在經營中，賦予員工足夠多的權力一直是經營的一個重

要內容，因為這是京瓷實現全員參與式經營的重要組成部分。在阿米巴經營中，工作時間核算的各項指標的作用並不僅僅是考核員工的業績，其中一個重要的功能就是賦權 —— 以工作時間的各項考核指標作為京瓷為阿米巴賦權的範圍與程度。所以，稻盛和夫說：「阿米巴經營的最根本目的就是實現全員參與式的經營，而這就是一種典型的賦權式經營。」

很多不熟悉阿米巴經營的人總是認為：阿米巴經營中的賦權就是以工作時間核算的各項指標為形式，以此來讓經營者將全部的權力分配成為一個個小權力機構。事實上，這只說對了一半，阿米巴經營中的賦權是以這種形式來賦權的，但是競爭和合作關係不同的阿米巴之間的權力總是變動的。比如說，生產部門的阿米巴在根據市場動向制定出生產計畫之後，它就會向銷售部門施加壓力，而這個時候原本兩個互相平級的阿米巴就因為一方向另一方施加壓力而權力增大。當然，這個權力的轉換也是有一定前提的，那就是施加壓力的那一方一定要讓另一方認可自己制定的計畫，如果被動接受的另一方認為制定計畫的另一方沒有錯誤，那麼就應堅決的去執行，這個時候權力就發生了改變 —— 由做出計畫的一方督促執行計畫的一方，因此做出計畫的一方的賦權就在無形中增大。

稻盛和夫曾說，要想讓企業員工能夠與經營者擁有相同的經營理念，一個可行的方法就是把企業劃分成不同的小組織，然後把這些小團體的經營放權給這些部門的員工。員工得到了授權，自然就會對相關的經營活動產生興趣，當經營活動獲得成果時，他們自然會體會到工作的價值和喜悅。

一九二六年，日本「經營之神」松下幸之助想在金澤開設一家辦事處。他將這項任務交給了一個年僅十九歲的年輕人。松下把年輕人找來，對他說：「這次公司決定在金澤設立一個辦事處，我希望你去主持。現在你就立刻去金澤，找個合適的地方，租下房子，設立一個辦事處。資金我已經準備了，你拿去進行這項工作。」

聽了松下這番話，這個年輕的業務員大吃一驚。他驚訝的說：「這麼重要的職務，我恐怕不能勝任。我進入公司還不到兩年，是個新職員。我年紀還不到二十歲，也沒有什麼經驗……。」他臉上的表情有些不安。

可是松下對他很有信心，以幾乎命令的口吻對他說：「你沒有做不到的事，你一定能夠做到。放心，你可以做到的。」

這個下屬一到金澤就立即展開活動。他每天都把進展情況一一寫信告訴松下。沒過多久，籌備工作都已經就緒了，於是松下又從大阪派去一些職員，順利的開設了辦事處。

松下幸之助第二年有事途經金澤，年輕人率領全體下屬請董事長去檢查工作。為了表示對年輕人的信任，松下幸之助拍著年輕人的肩膀說：「我相信你，你只當面向我匯報就可以了。」那位年輕人非常感動，後來辦事處的業績越來越好，年輕人圓滿的完成了任務。

松下幸之助回憶這件事時總結說：「我一開始就以這種方式建立辦事處，竟然沒有一個失敗……對人信賴，『權力』才能激勵人……我的陣前指揮，不是真正站在最前線的陣前指揮，而是坐在社長室做陣前指揮。所以各戰線要靠他們的力量去作戰，因此反而

激發起下屬的士氣，培養出許多盡職的優秀下屬。」

敢不敢授權，是衡量一個領導者用人策略的重要標誌。從領導者的角度講，授權是一種用人策略，能夠使權力下移，使每位下屬感到自己是行使權力的主體，這樣就會使全體下屬在權力的支配下，更富凝聚力和責任感。領導者授權給下屬，既不是推卸責任或好逸惡勞，也不是強人所難。

授權要遵循必要的原則，避免無限制的授權。

（1）嚴格說明授權的內容和目標。

授權要以組織的目標為依據，分派職責和授予權力都應圍繞組織的目標來進行。授權本身要展現明確的目標，分派職責的同時要讓下屬明確需要做的工作，需要達到的目標和執行標準，以及對於達到目標的工作如何進行鼓勵等，只有目標明確的授權，才能使下屬明確自己所承擔的責任。

（2）考慮被授權者及其團隊。

有些時候並非要對個人授權，而是對被授權者所領導的團隊授權。一個企業或公司有多個部門，各個部門都有其相應的權利和義務，領導者授權時，不可交叉授予權力，這樣會導致部門間的相互干涉，甚至會造成內耗，形成不必要的浪費。

另外，領導者還可以採用充分授權的方法。充分授權是指領導者在向其下屬分派職責的同時，並不明確賦予下屬這樣或那樣的具體權力，而是讓下屬在權力許可的範圍內自由發揮其主觀能動性，自己擬定履行職責的行動方案。

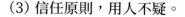

（3）信任原則，用人不疑。

領導者一定要全面的了解和考察將要被授權的下屬，考察的方式可以為：試用一段時間，在觀察並了解下屬後再決定是否可以授權，以避免授權後因不合適而造成不必要的損失。如果認為下屬是可以信任的，則應遵循「用人不疑，疑人不用」的原則，充分信任下屬並授權給下屬。一旦相信下屬，就不要零零碎碎的授權，應該一次授予的權力，就要一次授予。授權後就不要大事小事都過問，領導者可以對下屬進行適當的指導，但不可以懷疑下屬。否則，不但會傷害下屬的自尊心，而且授權給下屬也變得毫無意義。

（4）考核。

授權之後，就要定期對下屬進行考核，對下屬的用權情況作出恰如其分的評價，並將下屬的用權情況與下屬的利益結合起來。考核不要急於求成，也不要求全責備，而要看下屬的工作是否扎實，是否認真細膩，是否真實有效。如果下屬沒有達到預期的標準，則要耐心的說幫助下屬糾正錯誤，改進工作方法。

（5）權責一體。

授權的同時要強調權責一體，即享有多大的權力就應擔負多大的責任。這樣一方面約束了被授權人，另一方面也有效的保障了工作的正常進行。

稻盛和夫曾在一次演講中指出，賦予責任和說清責任如果能對下屬產生較高的激勵作用的話，企業經理在交代責任的過程中善於運用語言的藝術性，適當的提升責任，則會產生難以預料的鼓勵效

果，這也是衡量企業經理是否善用責任激勵的重要標誌。

　　從理性分析上提升責任，即深刻闡述該下屬所負之責對組織全域的影響，對組織發展的作用和意義。如此會讓下屬產生被信任和被器重感。信任是對人的價值的一種肯定。信任也是一種獎賞。下屬在受到信任後，便會產生榮譽感，激發責任感，增強事業感。從而激發出更大的積極性。讓專業員工參與決策的過程，而非被動的接受命令。

　　一方面可以使他們注意在企業的整體價值上，而非僅從自身專業角度考慮，另一方面能夠使他們得到尊重，加強他們對完成任務的使命感，凝聚組織和團隊的向心力。透過管理者與員工之間的雙向溝通、理解和尊重，服務於員工而不是為了控制員工，才能讓專業的下屬願意主動發揮潛在的積極性與創造性，真正樹立起強烈的主人翁意識和責任感，忠於職業也忠於企業。

5・每一個員工都是合夥人

【稻盛和夫箴言】

　　每一個員工都是京瓷最重要的合夥人，他們為京瓷的發展提供了足夠多的幫助，而京瓷的發展也為他們帶來了很多機遇。我們是一個整體，缺少了任何一方，另一方都不會取得成功。

　　「每一個員工都是京瓷最重要的合夥人，他們為京瓷的發展提供了足夠多的幫助，而京瓷的發展也為他們帶來了很多機遇。我們是一個整體，缺少了任何一方，另一方都不會取得成功。」關於京

瓷的合夥人經營理念，稻盛和夫是這樣闡述的。事實上，在阿米巴的經營中，合夥人理念一直都是阿米巴經營的一個重要理念 —— 阿米巴中的員工之間都是合作關係，從阿米巴的領導人到普通的成員，都是一種平等的合作關係，而合夥人理念就是能夠讓所有的員工都參與到企業的經營中去的最好方式。這就要求管理者下放權力，放手讓員工自己去做，為下屬搭建「舞台」，給員工以充分實現個人價值的發展空間。

現代企業作為社會經濟生活中最具活力的領域和組織形式，往往被員工視為展示自我、實現自身價值的最佳平台。企業管理者要在人事安排上多費心思，力求做到盡善盡美；要充分考慮員工個人的興趣和追求，幫助他們實現職業夢想。管理者必須營造出某種合適的氛圍，讓所有員工了解到，他們可以從同事身上學到很多東西，與強者在一起只會讓自己更強，以此來幫助他們充滿熱情的投入工作 —— 而不是停在那裡，對他們的際遇自怨自艾。

著名科學家愛因斯坦說過：「通常，與應有的成就相比，我們只能算是『半醒者』，大家往往只用了自己原有智慧的一小部分。」因此，對於管理者來說，最好的管理之道就是鼓勵和激勵下屬，讓他們了解自己所擁有的寶藏，善加利用，發揮它最大的神奇功效。

比爾蓋茲領導的微軟公司，激發員工的有力措施就是為他們提供富有挑戰性的工作。

微軟對人力資源管理的原則是：需要人力時，立即到市場上去找最現成的、最短時間內能勝任某項具體工作的人。對人員培訓的原則是：百分之五透過培訓，百分之九五靠自學和在職「實習」；

公司業務在員工沒有能「跟著成長」時，就已被淘汰。而加盟到微軟的優秀人才，因為「適合」，所以承擔起了更多的挑戰性的工作。堪稱電腦神童的查理斯・西蒙尼在微軟的成長歷程就是一個非常好的例子。

西蒙尼和蓋茲除了彼此出身不同外，他們有著許多相似之處。一九八○年，西蒙尼在一個電腦大會上和比爾蓋茲和史蒂夫・巴爾默見了面。談話只進行了五分鐘，西蒙尼就決定到微軟公司工作。因為他發現比爾蓋茲所持的觀點卓然不群。他預感到在微軟公司將大有作為。

而當他進入微軟公司後，才發現自己的工作空間居然沒有任何的限制，他所選擇的工作也成了最富有挑戰性的工作。在一九八一年十二月十三日召開的微軟公司年度總結動員會上，他成為了主角。

他在大會上陳述了開發應用軟體對公司發展具有的策略意義，一一列舉其他公司在軟體發展上已經取得的成績，並強調指出，必須將公司的奮鬥目標集中在盡可能多的開發各種不同的應用軟體上，以便為更多的電腦使用。以他為首的開發小組已完成了一種叫做「多計畫」軟體的設計，並投入試生產。

微軟提供的舞台讓西蒙尼找到了挑戰自我、挑戰極限的快感。在來到微軟之前，西蒙尼所在的電腦研究中心與史丹佛大學合作，研究出了一種新工具 —— 滑鼠。西蒙尼研發的文書處理程式，就是第一個使用滑鼠的軟體。

在應用軟體方面開發的初戰告捷讓他意識到應用軟體的巨大市

場前景,並產生了一個願望:要使應用軟體對微軟公司的貢獻超過作業系統。

西蒙尼提出的多計畫軟體未能打動當時微軟的合作方 IBM 公司,卻引起了蘋果公司的興趣。蘋果公司從微軟與 IBM 的合作中,看到了這家年輕公司蘊藏的潛力。因此,它非常希望與微軟結成「策略夥伴」關係。

一九八一年八月,蘋果公司總裁史蒂夫‧賈伯斯親率一批幹部來訪問微軟公司。此時,蘋果公司正在研製麥金塔電腦,因此,希望與微軟公司聯手合作。西蒙尼給賈伯斯等人演示了「多計畫」,並談了對多工具介面的全面看法。

一九八二年一月二十二日,微軟公司與蘋果公司正式簽訂了契約。蘋果公司同意提供微軟公司三台麥金塔電腦樣機,微軟公司將用這三台樣機創作三個應用程式軟體,即試算表程式、貿易圖形顯示程式和資料庫。

賈伯斯可以選擇把應用程式與機器包含在一起,付給微軟公司每個程式費五萬美元。限定每年每個程式一百萬美元;或分開賣,付給微軟公司每份十萬美元,或提取零售價格的百分之十。蘋果公司允諾簽契約時預付五萬美元,接受產品後再付五萬美元。

而這所有的開發工作最終都落到了新人西蒙尼的頭上,其挑戰性不言而喻,但正是這挑戰性的工作,讓西蒙尼迅速脫穎而出,使他成為微軟公司的核心成員之一。在他亮相的這次年會上。西蒙尼的信心、凝聚力、策略眼光和雄才大略給所有員工留下了深刻印象。蓋茲稱他為「微軟的創收火山」,這次演講也就被稱為「微軟

的創收演講」。

隨著西蒙尼開發工作的不斷展開，微軟不僅擁有了日後得以稱霸應用軟體市場的 OFFICE 系列軟體，而且透過合作，從蘋果的麥金塔電腦的圖形化作業系統上學到經驗，推出了競爭性的作業系統軟體 WINDOWS，這兩大法寶成為了微軟日後源源不斷財富的聚寶盆。

對西蒙尼這樣的優秀員工的充分挑戰，讓微軟公司與兩大電腦公司 IBM 和蘋果都建立了合作關係，其發展前景是可想而知的。一般來說，和大公司合作的好處不僅能賺錢，也能大大提升自身市場形象，而良好的市場形象又能吸引大批人才和大批客戶，這可謂之良性循環。一旦進入這種良性循環狀態，即使老闆不作為，錢也會自動找上門來。

西蒙尼這種來自外部的「鯰魚」也啟動了微軟內部的競爭活力。當然在引進這些外來的「鯰魚」，並充分給他們挑戰性的工作時，往往也會帶來一些麻煩，因為他們往往自視很高，又不熟悉企業的環境，容易與企業的內部組織形成衝突。

蓋茲的做法就是給予足夠的發展空間，給「鯰魚」創造條件，讓他們有足夠的空間積極、主動的發揮才能，更意氣風發的投入工作，充分施展他們的所學，如果打算壓抑「鯰魚」，則必然適得其反。

「微軟覺得，有一套嚴格的制度，你就會做一個很規矩的人，但你的潛力發揮到百分之七十就被限制住了，微軟要每個人都做到百分之百。特別是做軟體，需要人的創造力，所以微軟有一種激勵

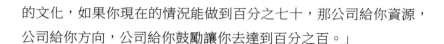

的文化，如果你現在的情況能做到百分之七十，那公司給你資源，公司給你方向，公司給你鼓勵讓你去達到百分之百。」

6‧培養人才和企業一起成長

【稻盛和夫箴言】

一個員工只有認真的去學習，並且能夠堅持不懈的去學習，他的成長速度才能保證，他才能夠擁有更好的成長空間的機會，所以每一個在京瓷集團的員工都應該將自己看做一個需要很大「舞台」的員工。

一直以來，卓越的業績是京瓷集團獲得世人矚目的一個重要原因。在一九八〇年代，京瓷被評選為「超優企業」。從面試以來，京瓷的業績就一直呈現出成長，即便是石油危機、日元升值以及日本經濟泡沫破滅等嚴峻經濟發展時期，京瓷的成長也比其他的企業好很多，並且它總是最早擺脫困境的企業之一。而京瓷集團之所以能獲得這麼快的發展，一個非常重要的原因就是京瓷的員工都非常優秀一阿米巴經營，就是用企業家精神去培養員工，這種培養員工的方式讓京瓷擁有了源源不斷的豐富人才資源，而這正是京瓷集團快速發展的一個重要因素。

京瓷在培養員工的過程中，非常注重高成長性和高收益性 —— 員工高速的成長速度和員工注重阿米巴的高收益率是培養員工的重要內容。因為這是每一個企業家在經營企業的時候必須去注意的。

　　在京瓷集團中，注重員工的高成長性主要展現在員工的學習能力上。稻盛和夫說：「一個員工只有認真的去學習，並且能夠堅持不懈去學習，他的成長速度才能保證，他才能夠擁有更好的成長空間的機會，所以每一個在京瓷集團的員工都應該將自己看做一個需要很大『舞台』的員工」。

　　最優秀的人才加上最好的培訓發展空間，這就是寶鹼成功的基礎。作為一家國際性的大公司，寶鹼有足夠的空間來讓員工描繪自己的未來職業發展藍圖。寶鹼公司是當今為數不多的採用內部提升制的企業之一。員工進入公司後，寶鹼就非常重視員工的發展和培訓，透過正規培訓以及工作中直線經理一對一的指導，寶鹼員工得以迅速的成長。

　　寶鹼的培訓特色就是：全員、全程、全方位和針對性。具體內容如下：

　　全員：全員是指公司所有員工都有機會參加各種培訓。從技術工人到公司的高層管理人員，公司會針對不同的工作職位來設計培訓的課程和內容。

　　全程：全程是指員工從邁進寶鹼大門的那一天開始，培訓的專案將會貫穿職業發展的整個過程。這種全程的培訓將幫助員工在適應工作的同時不斷提高自身素養和能力。這也是寶鹼內部提升制的客觀要求，當一個人到了更高的階段，需要相應的培訓來幫助成功和發展。

　　全方位：全方位是指寶鹼培訓的專案是多方面的，也就是說，公司不僅有素養培訓、管理技能培訓，還有專業技能培訓、語言培

訓和電腦培訓等等。

　　針對性：針對性是指所有的培訓專案，都會針對每一個員工個人的長處和有待改善的地方，配合業務的需求來設計，也會綜合考慮員工未來的職業興趣和未來工作的需求。

　　公司根據員工的能力強弱和工作需要來提供不同的培訓。從技術工人到公司的高層管理人員，公司會針對不同的工作職位來設計培訓的課程和內容。公司為每一個雇員提供獨具特色的培訓計畫和極具針對性的個人發展計畫，使他們的潛力得到發揮。

　　寶鹼每年都從全國一流大學招聘優秀的大學畢業生，並透過獨具特色的培訓把他們培養成一流的管理人才。寶鹼為員工特設的「P & G 學院」提供系統的入職、管理技能和商業技能、海外培訓及委任；語言、專業技術培訓。

(1) 入職培訓：新員工加入公司後，會接受短期的入職培訓。其目的是讓新員工了解公司的宗旨、企業文化、政策及公司各部門的職能和運作方式。

(2) 管理技能和商業知識培訓：公司內部有許多關於管理技能和商業知識的培訓課程，如提高層管理人員理水準和溝通技巧、領導技能培訓等，它們結合員工個人發展的需求，說幫助新員工在短期內成為稱職的管理人才。同時，公司還經常邀請 P&G 其他分部的高級經理和外國機構的專家來華講學，以便公司員工能夠及時了解國際先進的管理技術和資訊。公司獨創了 「P&G 學院」，透過公司高層經理講授課程，確保公司在全球

範圍內的管理人員參加學習並了解他們所需要的管理策略和技術。

(3) 海外培訓及委任：公司根據工作需求，透過選派各部門工作表現優秀的年輕管理人員到美國、英國、日本、新加坡、菲律賓和香港等地的 P&G 分支機構進行培訓和工作，使他們具有在不同國家和工作環境下工作的經驗，從而得到更全面的發展。

(4) 語言培訓：英語是公司的工作語言。公司在員工的不同發展階段，根據員工的實際情況及工作的需求，聘請國際知名的英語培訓機構設計並教授英語課程。新員工還參加集中的短期英語職前培訓。

(5) 專業技術的在職培訓：從新員工加入公司開始，公司便派一些經驗豐富的經理悉心對其日常工作加以指導和培訓。公司為每一位新員工都制定其個人的培訓和工作發展計畫，由其上級經理定期與員工進行總結回顧，這一做法將在職培訓與日常工作實踐結合在一起，最終使他們成為本部門和本領域的專家能手。

要想讓員工在競爭中拔得頭籌，就要加強對員工的培訓。培訓是員工素養提升的一個重要手段，透過培訓，不僅可以幫助新員工掌握新工作所需的各項技能，更好的適應新環境；也可以使老員工不斷補充新知識，掌握新技能，從而更快的適應工作變革和發展的要求；更重要的是，培訓可以使企業管理者及時了解新形勢，樹立新觀念，不斷調整企業發展策略和提高經營管理水準。企業員工

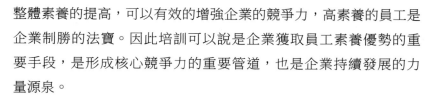

整體素養的提高，可以有效的增強企業的競爭力，高素養的員工是企業制勝的法寶。因此培訓可以說是企業獲取員工素養優勢的重要手段，是形成核心競爭力的重要管道，也是企業持續發展的力量源泉。

經過培訓後，員工往往能掌握正確的工作方式和方法，並在工作中不斷創新和發展，當然其工作品質也就能大大提高。另外，隨著企業員工知識的增多、能力的提升，在工作中自然就能減少失誤，減少工作中的重複行為。而且，透過培訓，還可以加強企業員工之間的溝通和協調，減少部門間的摩擦和衝突，增強企業的凝聚力和向心力，這些都可以大大提高整個企業的工作效率。

每個員工都渴望自己能成為一個能當元帥的好士兵，希望不斷充實自己、完善自己，從而使自己的潛能不斷的得以挖掘和釋放。因此，工作對很多員工來說，不僅僅是一份職業，也是其實現自我價值的一個舞台。所以，當企業重視並投資於員工的各類培訓，員工就會感到自己的價值被企業所認可，從而產生一種深刻而持久的工作驅動力，使企業始終保持有高 昂的士氣。

7‧靠金錢留不住人才

【稻盛和夫箴言】

沒有任何一個家長能夠用金錢收買自己的子女去做作業，也不太可能有丈夫用足夠多的金錢賄賂自己的太太承包所有的家務，而企業家更不可能用金錢來讓員工加倍的去工作。

　　京瓷之所以能夠成為日本企業的代表，能夠成為全球最有影響力的企業，就是因為京瓷有著吸引力 —— 能夠吸引來人才，也能夠留住人才，而這也正是京瓷成功發展的祕訣之一。稻盛和夫說：「京瓷憑什麼讓員工留下來？京瓷憑什麼讓員工能夠發揮自己的積極主動性？有人說是京瓷的薪水福利待遇好，但是我認為這只是一方面，並不準確。在我看來，京瓷之所以能讓員工留下來並能讓其努力的奉獻出自己的聰明才智，並不是因為錢，而是因為京瓷獨特的管理。」

　　很多企業家在經營企業的時候總是認為：只要我給員工滿意的薪水，員工就能夠給我留下來工作，只要我能夠給員工不斷的漲薪水，員工就會加倍的努力工作。可事實上卻是，他們的想法總是很難實現，事與願違是最常出現的一個結果。對於這種現象，稻盛和夫曾經說過這樣一句經典的話：「沒有任何一個家長能夠用金錢收買自己的子女去做作業，也不太可能有丈夫用足夠多的金錢賄賂自己的太太承包所有的家務，而企業家更不可能用金錢來讓員工加倍的去工作。」

　　在經營企業的過程中，如果企業領導人總是希望於用金錢去留住人才，那麼很有可能會事與願違，而且還會出現兩種這樣的現象：第一種現象，用金錢去留住人才的企業領導人可能會讓員工感到自己不被尊重，這樣的企業不是善待人才的企業，因而吸引不了人才，更留不住人才；第二種現象，用金錢去留住人才的企業領導人可能只會遷就人才，而不會管理人才，只要他一管理，員工就走。所以，在京瓷中稻盛和夫一再強調：「物質條件只是挽留人才

的基礎，但是它卻並不是京瓷留住人才的全部。」

一個人不僅僅是圍繞著物質利益而生活的，員工也不僅僅是為了金錢而工作。人有精神要求，有互相交流感情的需求。就管理者來說，要充分發揮下屬的能力和作用，使下屬盡職盡責，除了給予下屬金錢物質上的需求的滿足以外，還必須加強對下屬進行感情上的投資才能增強企業凝聚力，達到和諧管理的效果。如果僅僅只是靠金錢物質層面的滿足是無法做到這一點的。

我們都知道應當善待員工，因為組織的任務最終靠他們來完成，而且，他是與你朝夕相伴的戰友。你應當真正的為他們著想，絕不是偶爾的一些問候並讓他們知道你很關心他們。

你要多參加員工的活動，了解他們的苦衷，及時與員工溝通，仔細傾聽員工的意見。尤其對於員工的建設性意見，更應予以重視，細心傾聽。若是一個好主意並且可以實施，則無論員工的建議多麼微不足道，也要確實採用。員工會因為自己的意見被採納，而感到歡欣鼓舞。即使這位員工曾經因為其他事情受到你的責備，他也會對你倍加關切和尊敬。

你還需要給員工創造良好的工作環境，讓他們知道你處處體貼他們。你還要認同員工的表現，向員工表示讚賞，保持和藹的表情。一位經常面帶微笑的領導者，誰都會想和他交談。即使你並未要求什麼，你的員工也會主動的提供情報。你的肢體語言，如姿勢、態度所帶來的影響也不容忽視。若你經常自然的面帶笑容，自身也會感到身心舒暢。保持正確的舉止，在無形中它已引領你邁向成功的大道了。有許多運動員，都表示過類似的看法：「我會在重

要的比賽之前，想像自己獲得勝利的情景。此時，力量會立刻噴湧而來。」一個保持愉悅的心情與適當姿態的人，更容易受到眾人的信賴。

依然不忘提醒一句的是，你要容忍每位員工的個性與風格，使他們作為一個活生生的人存在，不要把他們管理成一個隻會說話的機器。

管理者、管理者都應該明白，關心員工的身心健康，就是關心企業的健康成長和持續發展。因為我們看到，損害員工身心健康、導致員工身心疾病的原因當中，有企業制度不合理、不科學的弊端對工的嚴重束縛；有企業營運機制、管理機制不健全對員工的嚴重傷害；有劣質或過時的企業文化對員工的嚴重困擾等。這些因素，既是損害員工身心健康的職業壓力，也是阻礙企業健康成長和持續發展的強大阻力。

國內外的大量調查研究都顯示，由這些因素形成的過重的、不當的職業壓力，不僅損害員工的身心健康，而且損害企業組織的健康。因此，關心員工的身心健康，幫助員工克服或減輕職業壓力，就是消除企業或組織前進的阻力，解開束縛企業發展的枷鎖。

不關心員工身心健康的管理者不是好的管理者，不關心員工身心健康的企業是不負責任的企業，這樣的管理者與企業是沒有未來的。幸運的是，越來越多的企業已經意識到這個問題的嚴重性。人本管理、人性關懷已成為時代趨勢和國際潮流。

任何團隊都是由有著情感的人組成的，都是一個有感情的群體，以上面的敘述與分析中，我們同樣得到了一個不容置疑的結

論：既最有效的管理方式並非是強硬的制度管理，想要激發下屬的積極性也並非是只要滿足他們的金錢物質等方面的需求就夠了。而是在於情感方面的投資，也就是孔子所宣導的「仁」這一思想精髓，由此可見，對企業員工投入真情實意的情感，才是管理的最高境界，才是管理者調動員工積極性的最有利方式。管理心理學研究顯示：一個人生活在溫馨友愛的團體環境裡，由於相互之間尊重、理解和容忍，使人產生愉悅、興奮和上進的心情，工作熱情和效率就會大大提高；反之，其工作熱情將大打折扣。企業管理者只有爭取到人心，才能穩住人才。對待人才的態度、方法不同，造成企業興衰的例子不勝枚舉。事實證明，管理者與員工同心同德，能夠減少企業員工的流動，降低企業的人力資源成本，從而增強企業的市場競爭力。

8‧實行高度透明的管理方式

【稻盛和夫箴言】

給自己的員工高度的認同感，這就需要企業傢俱有很大的魄力，敢不敢將企業變成一個「透明體」，讓員工澈底的了解企業，讓企業不用去提防員工，這樣企業就能夠團結，獲得足夠大的競爭力。

企業的透明度關係到員工對企業的信賴度 —— 企業越透明，員工對企業的依賴度越高，反之，員工對企業的依賴度就越低。在京瓷集團中，實行高度透明的經營是實現全員參與式經營的一個重

要方式。稻盛和夫說：「給自己的員工高度的認同感，這就需要企業有很大的魄力，敢不敢將企業變成一個『透明體』，讓員工澈底的了解企業，讓企業不用去提防員工，這樣企業就能夠團結上下，獲得足夠大的競爭力。」

在這一點上，傑克・威爾許的「打破管理界限」就給「透明管理」做出了榜樣。當他接任奇異公司總裁時，奇異已經染上了許多大公司都具有的「恐龍症」——組織臃腫、部門林立、等級森嚴、反應遲緩、行動不力。奇異當時的組織是按部門劃分的，但每個部門的主管並沒有什麼實權，他們所負責的工作不過是像漏斗一樣傳遞資訊。奇異的這種橫向交流的等級界限嚴重降低了公司的決策效率。

鑑於奇異的這種組織結構，威爾許開始了他的變革：打破管理的界限，構建無界限的組織，解決公司規模和效率的矛盾，使之既具有大型企業的龐大力量與資源，同時又具有小型公司的效率、靈活性和自信，保持初創企業的靈敏。

威爾許專門為奇異設計了一種「無界限」的組織模式，他要借此達成如下幾個目的：第一，資訊傳遞更暢通。消除官僚式的推諉和空談，使經理與員工互相認識、互相了解，人們既可以暢所欲言，也可以靜心聆聽。他認為，員工間不分彼此應成為奇異唯一的管理規則。第二，行動上更加迅速。速度「是競爭力不可分割的組成部分」，在市場競爭中如果缺乏速度就要付出代價。第三，減少管理結構中的層次，減少資訊損耗。第四，杜絕時間浪費，摒棄繁瑣的公文以及過程，不把時間浪費在無止境的審閱、批示、黨派關

係和文字遊戲上，所有人員可以自由的將他們的精力和注意力投向市場。

除此以外，威爾許還大量裁減員工，所有不稱職的員工不論職位高低一律走人。這就讓其他留下來的員工誠惶誠恐，拚命工作。在大量裁減冗員的同時他還大力壓縮管理層次，強制性要求在全公司任何地方從一線員工到總裁之間不得超過五個層次，使原來高聳的寶塔形結構一下子變成了低平而堅實的扁平化結構。

威爾許理想的組織是一種「無界限組織」，就是要創造一個員工們能夠自由發揮的環境，發掘每個員工的最大潛能，所有的員工都可以參與決策，並充分的獲得決策所需的重要資訊。員工不再被告訴該做什麼，也不再只做上司分配的工作，而是被賦予了充分自主的權力並且承擔責任，去做應該做的事情。

威爾許還鼓勵、發動全體員工動腦筋、想辦法、提建議，改進工作，提高效率，推行「群策群力」的活動。其中最常見的模式被稱為「施政會議」 —— 公司執行部門從不同層次、不同職位上抽出幾十人或上百人，到賓館參加為期三天的會議。前兩天與會員工被分為五六個小組，討論工作中存在的問題並制定解決方案，第三天各小組向大會報告其討論結果與建議，部門負責人要當眾回答問題。這樣一來，從公司的各個企業、各個層次挑選出來的員工代表濟濟一堂，可以暢所欲言的發洩他們的不滿，提出各種建議和意見，清除一個又一個不具有生產能力的工作程序。這一模式很好的實現了員工參與管理，大大提高了員工的工作熱情，同時也帶來了明顯的經濟效益。現在，「群策群力」討論會已成為奇異公司的一

種日常性活動，參與人員也從員工擴大到顧客、用戶和供應商。

　　威爾許的這種「無界限組織」改革使奇異公司成為了一個開放的、自由的、不拘泥於陳規的公司。也使員工能夠迅速且容易的調換工作職位，能夠盡可能快的、有效率的與外部接觸，並鼓勵他們參與、合作，打破了過去公司中那種封閉、老死不相往來的狀況。

　　打破管理的界限，就是要拆毀企業中所有阻礙溝通的「高牆」。威爾許對此做了一個形象的比喻：「一棟建築物有牆壁和地板。牆壁分開了職務，地板則區分了層級，而我要將所有的人全都聚在一個打通的大房間裡。」正是透過這種「打破管理界限」的領導，使奇異煥發了青春，煥發了生機，變得更加靈活，也更具有競爭力。

　　企業沒必要設置諸多界限將員工、任務、技術等等分割開來，恰恰相反，管理者應該將精力集中於如何清除這些界限，以盡快的將資訊、人才、激勵及行動落實到最需要的地方。「無界限」實質上就是以柔性組織結構模式替代剛性模式，以可持續變化的結構代替相對固定的組織結構，使企業具有可滲透性和靈活性的邊界，以在市場經濟中展現更多的競爭力。而能否建立「無界限」的組織則是對管理者統籌能力的一個嚴峻考驗。

　　人們常常把簡單思維理解為幼稚的、簡陋的、不動腦子的思考方式。實際上，簡單思維並不是低級的思考方式，它能說幫助人們在觀察問題和解決問題時，化繁為簡。這種思考方式有著特殊的效能，能夠幫助人們提高思考效率。

　　工作中的許多問題都是如此，看似很複雜，實際上可以用很

簡單的方法將其解決，關鍵就是要跳出複雜的思考陷阱。如果不能擺脫種種思考的束縛，是很難找到簡單的方法的。作為企業家，更應該學會簡單思維。管理大師杜拉克說：「管理的目的是為了少管理。」一個卓有成效的管理者最重要的能力就是讓管理過程化繁為簡，在繁雜中去蕪存菁，找到解決事情的最佳方案。

優秀的企業都懂得摒棄複雜煩瑣的東西，依靠最簡單、平常的東西來解決問題。一個簡單的問題，不能人為的把它複雜化；一個複雜的問題，更要將之簡單化。簡單化的資訊傳遞得更快，簡單化的組織運轉更靈活，簡單化的設計更易被市場接受。簡單意味著有無限可能，經典往往是簡單的。任何大企業，其理念和管理手段無論多麼先進，都會由上至下逐漸減弱。因此，越是複雜的原則、理念越難以落實到基層，採取簡單的、通俗的原則，可以將之貫徹到最基層，從而很好的解決了流程和執行問題。很多企業，規章制度動輒幾十頁、幾百頁，其實這麼複雜完善的制度，有幾個人願意去了解呢？又怎麼可能被落實呢？所以，管理源於簡單，這是奇異公司這樣一個「巨無霸」企業的管理經驗對管理者很大的啟示。

作為企業家，只有不斷的運用簡單思維，才能使領導藝術達到「運用之妙，存乎一心」的境界。大道至簡，用最簡單的方法有時可以解決最複雜的問題，關鍵在於，我們是否具備這樣的思考素養。企業家只要不斷的領悟簡單思考方法，學會把複雜的問題簡單化，那麼，再大的企業，也可以管理得輕鬆自如、遊刃有餘；再難的問題，也能解決得了無痕跡。這樣才能探索出一條簡單之路。

第 2 章　全員主動參與經營—阿米巴經營

第 3 章

經營取決於堅強的意志
—— 意志式經營

經營就是經營者意志的表達。一旦確定目標，無論發生什麼情況，也非要實現不可。

—— 稻盛和夫

1．成功的經營者，都胸懷強烈的願望

【稻盛和夫箴言】

經營就是經營者意志的表達。一旦確定目標，無論發生什麼情況，也非要實現不可。

米南德說：「只要一個人有不怕千辛萬苦的毅力，他就能達到他的目的。」意志是一種不屈服的韌性，能給人帶來一股振作的力量；意志是一個人在奔向成功的路途上勢不可擋的決心，不管遭遇怎樣的苦難和挫折；意志是決意要做一件事並且能夠堅持到底的恆心；意志是一種來自內心深處的堅強的力量！

堅定的意志對於一個經營者來說，是難能可貴的。它不僅能給你帶來戰勝挫折和困難的勇氣，更可以讓你做起事情來更加高效，使你盡快達到你所期許的成就！

稻盛和夫認為境由心生，心中只要懷有抱負，再加上自身堅定的意志，就一定能實現心中的理想，換句話說，不管怎樣也要達到目標，而這一願望的強烈程度就決定了你做這件事情的成敗。作為一個經營者，經常面臨的問題就是在創業過程中出現的困難，有時甚至陷入苦悶、彷徨和無助的時候，能否聚精會神的投入到工作中去，能不能日日夜夜廢寢忘食的應對工作中出現的困難，是否可以持續將思考專注於一點，直到有所突破，這是決定事業成功的重要分水嶺。就這個意義上而言，稻盛和夫將胸懷強烈的願望歸納為他經營哲學中的第三條。

一九五九年，稻盛和夫白手起家創建京瓷時，公司僅有二十八

名員工，稻盛和夫總是重複這樣的話：「讓我們盡情的努力吧，我們要將公司發展為京都第一的公司，繼而發展成日本第一的公司。」他每天晚上都加班到深夜，當時在京瓷的門口總有賣消夜的小商販。稻盛和夫和員工們總是一邊吃著小吃，一邊暢談著對未來的遠景，那情景直到現在稻盛和夫仍歷歷在目。在缺乏資金、缺乏設備、缺乏技術、缺乏人才的情況下，稻盛和夫卻喜歡對員工暢想未來之夢，從而使員工的立場冷靜、能夠堅強的直面現狀。稻盛和夫明白自己的話未必會有足夠的說服力，但是他不停的給員工打氣，一遍又一遍，員工們和稻盛本人也在不知不覺間相信了，而且朝著那個目標去打拚奮鬥，努力去實現。

稻盛和夫指出，要想實現一個偉大的目標，他首先應該胸懷強烈的願望。

一位哲人說過：「一個真正偉大的人或企業首先是內心的強大，當心靈強大了，便沒有什麼可以阻擋。而內心的強大，也許可以理解為是一種自信，但更重要的，或者說是更難以做到的，其實是屢戰屢敗後還能屢敗屢戰。」

成功的高度取決於目標的高度，而目標的制定取決於管理者的膽識。具有卓越的膽識，這是作為一個管理者應該具備的基本素養之一，也是管理者獲得非凡成就的基礎和條件。事業的發展靠的就是膽識，沒有膽識，事業就會停滯不前。膽識不僅決定了目標的高度，也決定著成就的高度。

2・保持昂揚的鬥志和飽滿的熱情

【稻盛和夫箴言】

　　熱情是一種狀態 —— 你二十四小時不斷思考一件事，甚至在睡夢中仍念念不忘。事實上，一天二十四小時意識清楚的思考是不可能的。然而，有這種專注卻很重要。如果真這麼做，你的欲望就會進到潛意識中，使你或醒、或睡時都能集中心志。

　　稻盛和夫先生說：「熱情是一種狀態 —— 你二十四小時不斷思考一件事，甚至在睡夢中仍念念不忘。事實上，一天二十四小時意識清楚的思考是不可能的。然而，有這種專注卻很重要。如果真這麼做，你的欲望就會進到潛意識中，使你或醒、或睡時都能集中心志。」因此，他也曾提出自燃性的人、可燃性的人、不燃性的人這三種類型的人。要讓自己做一個自燃性的人。無論做什麼事情，只有積極主動的人才會得到更多的機會，成功的可能性也就更大，如果一個人沒有起碼的進取心，其結果是可想而知的。

　　有許多企業的經營管理者，經常抱怨他的下屬對待工作沒有熱情，每天都是死氣沉沉的。團隊成員過著得過且過的日子，對於企業的生存狀況沒有任何危機感。無論哪一個團隊在「一潭死水」的情況下，都會逐漸失去鬥志，失去對工作的熱情和動力，整個團隊也會逐漸的喪失奮鬥力。

　　作為管理者，不管遇到怎樣的困難，都不應該產生消極失望的情緒，而是要在任何情況下都應該保持積極向上的態度，對工作充滿熱情的。因為沒有一個員工會信任消極的上級。即使管理者也有

苦悶、痛苦和無助的時候，但是，這些都應該深埋在心裡，絕不能在下屬面前顯示出來。當然，在有需要的時候，不得已會讓員工看到，但那是故意顯露給下屬的，是一種管理上的手段。

稻盛和夫告訴公司的主管們：「你們在開車前，一定要發動引擎。」同樣的，在進行一項大計畫的時候，你同樣需要富有熱情的主管，並將這股熱情傳染給手下的員工。

京都半導體公司建立第二座廠房的時候，稻盛和夫有點擔心。雖然公司才剛剛起步，卻因為對企業充滿熱情使得公司迅速成長起來。稻盛和夫最擔心的是公司最後會像其他大企業一樣，被勝利的喜悅沖昏了頭，變得不思進取，失去那份向前邁進的熱情。然而，稻盛和夫仍然希望在京都半導體公司培養出一批出色的企業家來。

因此，他將公司分作幾個叫做「阿米巴」的小中心，每個「阿米巴」都是一個小企業體，在這些獨立的小企業體中都有其領導者和成員。典型的阿米巴團體從公司外或是向其他「阿米巴」買來他們需要的物品，而且自己將產品銷售出去以獲取利潤，同時還要服務於顧客。每個阿米巴成員和領導者都充滿著熱情，並自行對「效率」進行評估 —— 也就是成員平均每個工作時間所增加的價值。

幾個小阿米巴團體可以組成一個較大的阿米巴，以此類推。京都半導體公司就是個由許許多多的小型阿米巴組成的超大型阿米巴，而小型阿米巴則分布在全世界的各個角落，有數千個之多。

用你的熱情讓主管也充滿熱情活力，從而進一步再點燃部下心中的熱情。

因此，作為企業的高層領導者，應該向稻盛和夫學習，倘若

不想讓團隊「疲軟」，就應該讓那些對工作沒有熱情的員工充滿熱情，因此，首先自己就要保持昂揚的鬥志和飽滿的熱情，這樣才能使團隊保持持久的活力。

稻盛和夫把一家只有二十八個人的小工廠，發展成了擁有幾萬名員工的跨國大企業 —— 京瓷公司。他說：「說什麼沒辦法，做不下去了，現在只不過是中途站罷了。只要大家使出全力撐到最後，一定會成功的。」關鍵在於是否把它當成自己必須完成的一項任務，是否將精力全都貫注其中，是否有那種不達目的死不休的精神。

稻盛和夫先生還說：「從事一項工作需要相當大的能量。能量能激勵自我，燃燒熱情。燃燒自我的最佳方法是熱愛工作。無論是什麼樣的工作，只要全力以赴去做，就能產生很大的成就感和自信心，而且會產生向下一個目標挑戰的積極性，在這個過程的反覆中你會更加熱愛工作。這樣，無論怎樣的努力，都不會覺得艱苦，最終能夠取得優秀的成果。」正是因為有這樣的信念，他最終將京瓷帶向了世界這個大舞台上。

稻盛和夫先生認為，自燃性產生的根源在於「喜歡」。一旦喜歡，自然而然會產生努力的意念，也會在最短時間內把事情做好。旁人眼裡看來以為你辛苦不堪，其實你根本渾然不覺，甚至樂在其中。他講述了一個自己忘我工作的事情，說自己每天除了工作還是工作，很少待在家裡，為此，其鄰居關切的問他的夫人：「您家先生都是什麼時候才回到家的啊？」他的雙親也寫信來勸他別那麼拚命工作，小心把身體累垮了。但他並沒有覺得累，也並沒有覺得

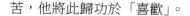

苦，他將此歸功於「喜歡」。

由喜歡而做的力量是無限的。正因為稻盛和夫深深的愛著自己的工作，才會自覺投入喜歡的工作，才會自燃起熱情。擁有了自發性的熱情，離成功也就不遠了。稻盛和夫先生還要求其他管理階層也要有自燃性的熱情，並以自己的影響力去帶動所有員工的熱情。而這也就需要公司有一個以「熱情」為核心的經營原則，對此，所有的管理階層也必須率先要做到這些。

3 · 方法總比問題多

【稻盛和夫箴言】

解決問題的答案一定會出現在現場。

在英文裡有句話，是說上帝每製造一個困難，就會同時製造三個解決它的方法來。所以，世上只要有困難，就會有解決的方法。而且「方法總比困難多」，只是你暫時沒有找到合適的方法而已。

一天深夜兩點多，稻盛和夫到生產線去巡視，看到一名技術員工正站在爐前，雙肩微微聳動著，似乎在低泣。稻盛和夫走過去詢問之下才知道，原來是電爐內溫度不能保持平衡，因此產品的尺寸總是不合標準，稻盛和夫勸他先回家睡覺，然而他卻仍然站著不動。

於是稻盛和夫就問他：「這次請務必讓我們成功 —— 你在燒的時候，這樣祈求過上天嗎？」其實稻盛和夫想要表達的意思是，如果你已經盡了你的最大努力了，那就只有向神祈求了，除此之外沒

有其他的辦法了。那名員工將這句話在嘴中念叨了幾遍,然後點頭說:「我明白了!讓我再嘗試一次吧!」於是他又投入了奮鬥,最後成功了。

京瓷克服一個又一個的難關,京瓷員工以每天二十四個小時,施行三班輪休的體制,將目標設定為月產一百萬個,全力以赴,超負荷的生產。京瓷接到 IBM 訂單的第七個月時,IBM 終於宣布京瓷產品合格。京瓷就在世界第一流公司的磨礪之下,不負使命的完成了任務,因此產生了無比的自信和成就感。之後訂單源源不斷的送到京瓷手中,京瓷進入了迅速發展階段。京瓷創業後的第十二年,京都陶瓷在同行中取得了首屈一指的地位。

有時不管如何想辦法、進行過多少次反覆的實驗,工作都沒有取得進展,四處碰壁,急得像熱鍋上的螞蟻。當你感覺已經沒有任何辦法的時候,其實暗中卻隱藏著轉機,這個時候,你首先應該恢復冷靜,然後再想方設法的尋求機遇衝出重圍。

稻盛和夫曾經和中坊公平律師見過一面,中坊公平律師因森永砒霜牛奶事件和豐田商會事件而一舉成名。稻盛和夫問他:「您在為這些事件做辯護時,什麼是最重要的呢?」

中坊先生道:「事情的關鍵就在現場,因為現場最能發現問題。」雖然兩人的專業領域有所不同,可是兩人在這一點上卻達成了共識,他們都澈底貫徹現場主義,認為仔細觀察現場是相當重要的。

比如,就生產線而言,不管是產品還是機械,不管是材料還是工具,甚至是工序,都要對其中每一個要素進行清理,而且必須要

採取率真、謙虛的態度調整、修改其中的細枝末節，這一點是非常重要的。推而廣之，就是要以審視、體察、貼心、傾聽的態度對待產品和現場。

陶瓷產品就是先將加工成粉末狀的金屬氧化物沖壓成型，然後放入高溫爐中燒烤而成的產品。它雖然跟陶瓷器同屬一類，但是京瓷的陶瓷產品主要面向電子工業，因此精度要求非常高。哪怕是出現極小的尺寸差異，或者燒烤斑點、變形都是達不到合格標準的。

京瓷公司創業不久，在對某種產品進行試製的時候，曾經放在實驗爐中對其進行燒烤，得到的產品都是非常粗糙的，不是這邊翹曲、就是那邊翹曲。

經過無數次的實驗審查，終於查出了問題：沖壓的時候，壓力大小的不同就會造成產品上面和下面的粉末密度也隨之不同。但是，雖然將問題查清楚了，可是實際上，要想嚴格控制粉末的密度是非常困難的一件事。

後來京瓷技術人員又多次改良工藝，嘗試過很多種辦法，可是始終都沒有成功。為此，稻盛和夫想親眼看看陶瓷翹曲的原因，以及其中的變化過程。於是，他決定將爐上的窺視孔打開，仔細看看。經過觀察，他發現如果溫度逐漸升高，產品就像生物一樣漸漸發生變化，這樣反反覆覆做了多次，每一次都發生翹曲變形。稻盛和夫再也不能忍耐了，竟然想將手從窺視孔伸到火爐之中，想要阻止它翹曲。對於一名技術人員來說，他對產品投入了濃厚的感情，而對於經營者而言，他會擔心損失過大而感到焦慮。因此，稻盛和夫的這種做法並不難理解。

當時火爐中的溫度高達一千多度，稻盛和夫是不可能將手放進去的。雖然很清楚這個道理，仍然不自覺的將手放進去。在他的心中，對產品的夙願居然如此強烈！

由於稻盛和夫付出的感情，投入了大量的精力，最終也獲得了回報。因為當他想將手放入火爐中的時候，就已經聯想到解決方案了。在以後燒製產品的時候，在產品上面加上了耐火鎮石，終於製造出了合格的產品。

透過這件事，稻盛和夫得出了一個結論：解決問題的答案一定會出現在現場。但是，想將事情的癥結查個水落石出，你除了有一股永不服輸的熱情之外，還要對這件事本身有濃厚的感情，而且還要對現場有敏銳的洞察力。

4・竭盡全力度過蕭條時期

【稻盛和夫箴言】

如果一個人不畏懼失敗與挫折，並擁有堅持到底的毅力，就能獲得成功。

在過去企業不景氣的時候，報紙上經常報導說，一些綜合性電器廠家向自己的員工發放本公司生產的產品，比如電視機、電冰箱等作為他們的年終獎品。

經濟的蕭條使得庫存增加，為了減少存貨，有些廠家將產品發放給員工來代替獎金。有一個廠家動員工廠的員工：「現在庫存積壓到相當的數量，希望所有的員工都來幫著賣，可以去推銷給你們

農村的親戚朋友，價格優惠，只要能賺回成本就行。」結果庫存很快就被一掃而光，原本積壓在倉庫裡的冰箱、洗衣機、電鍋等，全部由本廠員工推銷給了他們的親戚朋友。

這樣的做法，有一個顯而易見的好處，那就是進行全員推銷，讓大家都明白，推銷產品的時候要低頭求人，推銷工作是多麼不容易、多麼辛酸，這是很有意義的。

蕭條時期，全體員工都應該走出工廠，出去推銷。企業各個部門平時都應該累積一些好的想法和創意，這些想法和創意在蕭條時期就可以派上用場了，可以將這些想法和創意用到客戶身上，喚起他們對自己產品的潛在需求，這件事全體員工都應該去做。

行銷、製造、開發部門必須要參與，自不待言，間接部門同樣應該參與進來，全體員工必須要團結一致，向客戶提供服務，創造出商機。這樣做不僅能夠滿意於客戶，而且可以拓展自己的視野，從公司內部發展到整個企業。

就目前來看，蕭條的趨勢似乎更為嚴重。面對這樣一個不景氣的時代，公司首先就應該強調進行全員行銷，「京瓷」在面對第一次石油危機的時候，就是這麼做的。「京瓷」主要從事於製造業，公司的研究人員每天都在實驗室裡做研究，技術開發人員進行技術開發實驗，生產人員生產，行銷人員銷售，分工非常明晰。由於一九七五年的那次石油危機，一個月的訂單由二十七億日元忽然降到不足三億日元，由於生產的產品非常少，大家手裡都沒有什麼工作、一片冷清，出現了嚴重的蕭條景象。

在這種情況下，稻盛和夫提出了全員行銷的口號，包括有一

點生產經驗的現場生產人員在內，所有的員工都出去推銷京瓷的產品。即便是連那些農民出身的老員工也去推銷產品，流著汗向客戶詢問：「有什麼工作可以做的嗎？讓我們做，我們什麼都能做！」這樣做最後取得了很大的成效。

　　一般而言，生產部門和行銷部門往往是相互對立的，比如，生產部門會經常對行銷部門抱怨：「你們找不到客戶，我們沒法生產。」可是假若由生產人員也去行銷東西，他們就會知道行銷的不容易。因為生產人員體會到了行銷人員的辛勞，就會使兩者更加和諧，都對對方有了一定的了解，能使雙方可以更好的配合。全員行銷可以使生產和行銷營造出一種齊心協力的氛圍。

　　如果所有人員都去做行銷，就會產生一種凝聚力：即便是製造業中的尖端產業，賣東西、銷售產品依然是企業經營之本。

　　「京瓷」銷售的產品，是用於工業上的新型陶瓷材料，靠普通的流通管道是銷售不出去的。必須要低三下四的跑到客戶那裡，低頭懇求：「這樣的新產品我們公司還可以做，希望能為貴公司效勞。」一邊詢問還一邊進行推銷，「即便是特殊產品，你們是否還可以有其他的用途呢？」這樣一邊提問，一邊進行試探性的行銷。

　　從某種角度上看，向客戶討訂單就是最大的困難。如果讓沒有這種經歷的人做企業的領導人，公司恐怕就經營得很糟糕。讓員工知道其中的苦楚，讓他們了解要訂單有多困難，經營企業有多困難，尤其是行銷部門以外的主管，讓他們有切身的體驗是非常重要的。

　　蕭條時期還可以對新產品進行全力開發。有的產品平時因工作

忙碌而不能對產品進行重新研究，有的產品平時沒有時間充分聽取客戶意見，全這些產品都要進行積極開發。不但是技術開發部門，就連行銷、生產、市場調查等部門也要全身投入，積極參與、共同研發。

蕭條時期客戶也會非常空閒，也在考慮有沒有新產品可賣。這時應該多去主動拜訪客戶，聽聽他們對新產品的意見和建議，指出老產品的不足之處，然後將意見帶回來，在新產品的開發和新市場的開拓中發揮作用。

「京瓷」初期的產品主要是用在紡織機械上。因為紗線運轉速度非常高，同紗線接觸的零件的磨損度也比較大，不銹鋼的零件一天之內就出現磨損和斷裂。這些地方倘若使用耐磨的陶瓷零件，效果非常好。「京瓷」當時開發了許多種陶瓷零對象，以供紡織機械使用。

京瓷有一位行銷員在靜岡縣一家漁具製造企業進行訪問，無意中看到一種釣魚的魚竿上附帶著卷線裝置。這位行銷員非常聰明，他就向對方提出說：「我們公司專門研究新型陶瓷，譬如紡織機械上和高速運轉的紗線接觸、容易產生磨損的地方，都是我們公司生產的陶瓷產品。你們的魚竿上跟天蠶絲線接觸的金屬導向圈，非常適合用我們公司的陶瓷來做。」

可是魚竿上的導向圈，跟紡織機械完全不同，由於紗線不停的高速運轉而非常容易磨損。因此對方回答說：「陶瓷價格太高了，沒必要。」

但這位營業員仍不死心，繼續鼓動他說：「用陶瓷零件不僅可

以解決磨損問題，而且能夠減少和絲線之間的摩擦指數。」釣魚時先應該揮舞著魚竿，讓魚鉤飛出去，倘若摩擦係數太大，釣線滑動阻力就一定會很大，魚鉤就很難飛遠。還有一點，金屬圈在釣到大魚的時候，由於摩擦力過大，絲線會「啪」的一下斷掉。

　　漁具企業的人聽了他的一番話之後，就說：「既然你這麼說，那就姑且試一試吧。」於是營業員帶上手套，先使用原先的金屬圈，加上負荷用力拉，結果釣線果然發熱斷裂，隨後用上陶瓷圈，結果效果非常好。

　　「就是它了！」漁具企業的人終於被說服了，從此使用陶瓷導向圈來代替金屬圈。現在只要是高級魚竿基本上都使用了陶瓷導向圈，而且從靜岡漁具廠開始向全世界推廣。有人可能會說，那麼不起眼的產品，根本沒什麼了不起的，但這個零件每個月有五百萬的銷量。

5・經營者要有強烈而長久的潛意識

【稻盛和夫箴言】
　　人們潛意識裡對成功的渴望必須是強烈的，而不是隨隨便便想出來的，而且對成功的渴望必須有自身強烈意念的支撐。

　　稻盛和夫強調經營者應該懷有強烈而長久的潛意識，因為一旦將潛意識激發出來，一定更能有助於經營上的拓展。什麼是潛意識？人的意識可以分為潛意識和顯意識。顯意識是指可以任意運用的意識，而潛意識往往不會顯露出來，潛意識所持的容量遠遠大於

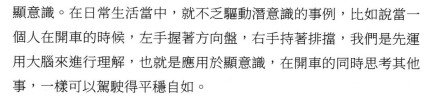

顯意識。在日常生活當中，就不乏驅動潛意識的事例，比如說當一個人在開車的時候，左手握著方向盤，右手持著排擋，我們是先運用大腦來進行理解，也就是應用於顯意識，在開車的同時思考其他事，一樣可以駕駛得平穩自如。

運用潛意識的方法分為兩種，一種辦法是當一個人受到強烈的衝擊性刺激的時候，這種強烈的刺激就會進入他的潛意識，並不斷的返回到顯意識中去。據說人在臨終之時，過去的事情會迅速的在腦海中掠過，一生的經歷都閃現在腦海中，這就是說，儲存於潛意識中的記憶在人生終結的時候，就會跟顯意識一同顯現出來，可是我們不想要取得這樣的經驗。第二種辦法就是反覆的經驗體驗，透過反反覆覆的經驗就可以將潛意識發揮出來，比如說要達到多少的銷售額，達到多少的利潤，這樣的目標反反覆複的在心中呼喊著，就可以不知不覺間進入潛意識。

把對成功的渴望灌輸到潛意識中固然能帶動一個人的成長，但並不是說在腦中只要出現渴望就一定會達成自己的目標。在稻盛和夫看來，人們潛意識裡對成功的渴望必須是強烈的，而不是隨隨便便想出來的，而且對成功的渴望必須有自身強烈意念的支撐。例如，「我一定要取得成績」、「必須要取得階段性進展」等強烈的意念。

一個人為了實現夢想在腦中不停想一件事，並能夠做到念念不忘，這樣在自己的潛意識裡就已經形成了對該夢想的印記。這種印記會隨著一個人成功欲望的強弱而發生變化 —— 印記深的人，對成功的欲望就強烈；印記淺的人，隨著時間的不斷推延，對成功的

欲望就會逐漸消退。

　　人們的潛意識大多隱藏於人們的內心深處，是經過長時間潛移默化形成的。雖然潛意識平常在一個人身上表現得並不明顯，但在時機成熟或特殊時刻它就會出現，而且還會發揮出其驚人的力量。

　　例如，一個登山愛好者想要實現攀登世界最高峰的夢想時，他就會告訴自己一定要實現這個夢想，而且在他的腦中也會出現攀登山峰的畫面，於是在這種強烈意識的影響下，他會意識到想要攀登到世界最高峰不僅需要勇氣，還要具有充足的體能，於是為了實現夢想，他便會訓練起自己的體能並不斷學習攀登的技巧，甚至還會學習一些自救的醫務常識等 —— 在他看來，他所做的這些準備工作都有利於他攀登山峰。更有甚者，睡覺時也不忘憧憬自己的夢想，經常夢到自己已經攀登到世界最高峰……而這就是潛意識使然。

　　在個人的工作過程中，潛意識同樣也可以發揮其優勢。比如工作中遇到一時解不開的難題時，可以用類似於「一個小時必須找到解決問題的答案」這樣的方式督促自己盡快解決問題，而在這樣強烈的意念下，往往就會有靈感閃現，使你及時找出解決問題的方法，而這就是潛意識帶來的魔力。

　　如果人們能夠做到每時每刻苦苦思考，那麼願望就會在人們的潛意識裡「生根發芽」。這樣，即使自己沒有留意，它也將會給你帶來啟發，最終使你的理想「開花結果」。

　　而企業在經營發展中也可以借鑑這種潛意識帶來的力量。當下，經常會聽到一些企業管理者抱怨：「為什麼產品生產出來

後卻找不到銷路？」、「究竟有什麼好辦法可以讓企業發展得更快些呢？」

對此，企業管理者應該自問：「對產品做沒做過市場宣傳？」、「廣告宣傳的力度如何？」、「讓企業實現持續成長的決心和動力有多大？」如果企業管理者潛意識裡的回答是：「我們一定要將產品投入到市場，然後透過三年左右的時間將它推向國際市場。」、「我們有足夠的決心把企業做好，力爭在一年內實現其上市，透過不斷引進技術以及大力培養人才的方式實現企業快速持續的成長。」當企業管理者的腦中形成這樣強烈的意識後，就一定會在潛意識的引領下做出利於企業發展的決策，從而使企業發展得更加順暢。

稻盛和夫在其企業管理中總會從自己的潛意識中獲得啟發，從而使企業發展得更加壯大。其實從京瓷公司的發展來看，每一次在進行技術創新時，京瓷公司都要向外引進掌握新技術的科學研究人員。雖然稻盛和夫對技術創新非常自信，但有時還是會遇到找不到相關技術人員的尷尬。可以說，這算得上是令稻盛和夫最為頭疼的問題之一。

但事情總不是絕對的，機會總能在無意間出現。

有一次稻盛和夫在酒店飲酒，忽然聽到旁邊有人說話，從那人的言談之中，稻盛覺得那人應該就是思考的專門人才，於是他趕緊起身向他請教，兩人便開始攀談起來。

大家只是萍水相逢而已，彼此並不相識，然而心中那種強烈願望已經滲透到他的潛意識中，將偶然邂逅當做一種難得的良機，最終使事業獲得成功。這些都應歸功於潛意識，但是進入這個境界

之前必須堅定心中的信念，必須全身心投入，並且不斷驅動潛意識的過程。

　　如果對要做的事三心二意，甚至朝秦暮楚，那它是不會滲入到潛意識中去的，只有保持強烈而長久的願望，才能激發你的潛意識為你效勞。

6・意志力是企業成功的基礎

【稻盛和夫箴言】

　　從改變內心想法的瞬間，我的人生開始發生轉折。以前的惡性循環終止，良性循環隨之開始。從這段經歷中，我體會到人的命運不是像鋪設的鐵軌一樣被事先定下來的，而是根據自己的意志能好能壞。

　　在《聖經・箴言》中，以色列歷史上的偉大智者所羅門說：「他的心如何思量的，他的為人就是怎樣的。」你用怎樣的心態去看待問題，那麼你就會得出怎樣的結論。

　　成功或者失敗都是由自己決定的。當自己心中想成功的欲望大於害怕失敗的恐懼時，這種正面的自我暗示和潛意識的激發就會形成自信心，從而轉化成積極的心態，而這種樂觀的信念會激發人們無窮的熱情、精力和智慧，根植於這種正面的想法最終才能獲得成功。相反，負面的想法對我們的發展不僅無益，更不能解決任何問題，牢騷只會讓成功遠離我們。

　　稻盛和夫的成功就取決於他的自我意志。他回憶自己的人生之

路時說道：「從改變內心想法的瞬間，我的人生開始發生轉折。以前的惡性循環終止，良性循環隨之開始。從這段經歷中，我體會到人的命運不是像鋪設的鐵軌一樣被事先定下來的，而是根據自己的意志能好能壞。」

稻盛和夫所說的「改變內心想法」，開始於他多苦多難的少年時代。少年時代的他疾病纏身、仕途受挫，但因為他選擇了積極正面的心態，縱使身處逆境，遭遇人生之大不幸，他也要把挫折當做考驗去正面迎擊，從而改變了自己的人生方向。

稻盛和夫總是強調：「我們希望人們銘記這個『宇宙法則』，那就是人生與心念一致，強烈的意念將以一定的現象表現出來。」那些常常被視為失敗的事情，不過是暫時性的挫折而已，它會使我們重新振作起來，從而轉向其他風景更美好的方向前進，所以，遭遇挫折其實是一種幸福的開始。

稻盛和夫認識到，無論成功或失敗，都是造物主給予自己的功課，他借此觀察人類如何去應對它們帶來的考驗。面對成功也好，失敗也罷，真正的勝利者是能利用造物主給予的機會，磨礪出純淨美麗的心靈的人，而不能利用這個機會的人將是真正的失敗者。

能否改變命運取決於自己內心的意念。很多人往往不能正確認識自己的命運，總認為很多事是命中註定的。其實，命運掌握在自己手中，以怎樣的態度去面對人生非常重要。命運到底是什麼？稻盛和夫將命運定義為，在我們的生命期間儼然存在的事實。但是，稻盛和夫又否定了命運是人類力量無法抗拒的「宿命」。他認為命運可以因我們的內心而改變，他說：「人生是由自己創造的，能夠

改變命運的只有一個，就是我們的內心。這就是『立命』。」命運遭遇苦難，不能成為我們氣餒的理由。稻盛和夫曾把他一生中遭遇的災難喻為「洗去罪孽的清潔劑」。

在他的企業經營中，「我能」、「一定要」的意志力已經成為企業文化的一部分。

京瓷公司在日本滋賀縣的工廠裡，有這樣一位極其普通的員工，他只有高中學歷。給人的感覺十分謙虛，主管指派任務時，他會拿出小冊子認真的記錄。在工作中表現得十分認真，經常會雙手沾黑、滿頭大汗。在工廠中很少有人注意到他，但他卻能在默默無聞中做好每一件工作。

時隔二十年，當稻盛和夫再次見到他時，大之一諒 —— 此前曾默默無聞的他居然在一家電子企業出任總經理職位，於是稻盛和夫與其攀談起來。

「您取得的成績令我感到驚訝。」稻盛和夫說道。

「您過獎了，我所取得的成功都要歸功於所付出的努力。」

「與此前相比，您取得的成績令人刮目相看，您是如何做到的呢？」稻盛和夫請教道。

「我所取得的成功是在強有力的意志力支撐下取得的。在別人眼中也許我並不起眼，但是我有自己的人生發展目標，雖然有些人嘲笑我努力也會徒勞無功，但我渴望改變現狀的意志力提醒我，要想成就未來美好的明天就必須要不斷地努力，當努力達到一定程度後，成功自然就會送上門來。」

「您在努力實現夢想的過程中一定很辛苦吧？」稻盛和夫關切

的問道。

「的確如您所說，努力的過程既漫長又辛苦，但我並沒有停下腳步，還是不斷的向前衝，當我衝到終點時，才停下了腳步。」

此時稻盛和夫終於明白，這個人從最初的普通員工成長為一名傑出的企業家是在強有力的意志力支撐下實現的。

而稻盛和夫在企業經營中也正是憑藉這樣的意志力取得成功的。

由於稻盛和夫在新型陶瓷技術方面做出了傑出貢獻，因此被授予「技術革新先驅」的稱號。此後，很多科學研究人員和企業家向他請教做出傑出貢獻的「真經」，而在稻盛和夫看來，在新型陶瓷領域取得令人矚目的成績，最關鍵的因素就是對成功有著強有力的意志力。

眾所周知，在科技研發領域，想要取得革命性的成果，不僅需要有專業的知識與精湛的技術，還必須要有對成功的強烈渴望以及強有力的意志力。特別是在開拓未知領域時，強有力的意志力事關重要。

稻盛和夫認為，只有具備了強有力的意志力以後，在事業發展中遭遇到困難時，才不至於被困難擊倒，才能以樂觀向上的精神戰勝困難。

稻盛和夫把在未知領域的科學研究和技術創新看成是沒有導航設備的船隻航行於漆黑的大海之中。船隻航行在漆黑的海面上，要想順利的到達目的地，就一定要具有對目的地強有力的意志力 —— 在這種意志力的影響下，才不會畏懼黑暗，才能平安到

達終點。

7・以百米賽跑的速度帶領企業向前衝

【稻盛和夫箴言】

所謂「不亞於任何人的努力」，不是說「做到這種程度就行了」，而是沒有終點、永無止境的努力。將目標一次接一次向前推進，就要進行持續的、無限度的努力。

「付出不亞於任何人的努力」是稻盛和夫的口頭禪。他在《幹法》一書中這樣寫道：努力的重要性人盡皆知。如果我問：「你努力了嗎？」幾乎所有的人都會回答：「是的，我盡了自己最大的努力。」

但是，僅僅付出同普通人一樣的努力，是很難取得成功的。不管這樣的努力持續多久，這不過是做了理所當然的事情。只有付出非同尋常的「不亞於任何人的努力」才有可能在激烈的競爭中取得傲人的成績。

這個「不亞於任何人的努力」極為重要。

希望在工作中成就某種目標，就必須持續的付出這種無限度的努力。不肯付出加倍於人的努力，而想取得很大的成功，並維持之，那是絕對不可能的。

稻盛和夫認為，所謂「不亞於任何人的努力」不是說「做到這種程度就行了」而是沒有終點、永無止境的努力。將目標一次接一次向前推進，就要進行持續的、無限度的努力。

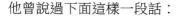

他曾說過下面這樣一段話：

企業經營，就好比連續奔跑的馬拉松比賽。我們就是至今未經訓練的業餘團隊，而且在這樣的長距離賽跑中，我們起跑已經比別人晚了一步。在這種情況下，如果我們還想參加比賽，那麼，我想我們只有用百米賽跑的速度奔跑才行。有人認為這樣硬拚，身體肯定吃不消。但是，我們起跑已遲，又沒有比賽的經驗，若想取勝，非這麼做不可。如果做不到這一點，我們一開始就不應該參加這場比賽。

用百米賽跑的速度跑馬拉松，大家都擔心中途會有人落伍。但是，一旦跑起來以後，全力奔走就成了我們的習慣。用最快的速度奔跑，我們居然真的堅持到了今天。

而且在比賽過程中，我們看到，那些先行起跑的團隊速度並不太快。現在最領先的團隊已進入我們的視野，說明我們已經離第一越來越近了，讓我們繼續加速，全力疾馳，超越他們！

這種以短跑的速度進行長跑比賽的無限度的努力，就叫做「不亞於任何人的努力」。

在稻盛和夫看來，人生要時刻保持百米賽跑的速度和向前衝的精神，只有這樣才不會被落下。因為在這個繁亂的社會中，很多人如同運動員一樣都在起跑線上等待著裁判的哨子響起。當哨聲響起時，他們便會奮不顧身的往前衝，希望第一個到達終點，以獲取成功，而那些跑在後面的人自然也就成了失敗者。

快速奔跑的重要性眾人皆知，但如果問他們：「你真的努力向前衝了嗎？」相信大多數人都會說：「當然了，我盡力往前衝了，

沒看到我已經累得氣喘吁吁了嗎？」

　　也許是因為每個人體能的差異性才出現了跑得快慢的情況，在奔跑的過程中如果沒有真正做到努力向前衝，那麼是不可能取得比賽第一名的。

　　而對於一個人來說，如果想要持續的獲得成功，那麼就必須在人生發展的道路上不斷向前衝，而且速度不能慢下來，因為一旦慢下來別人就有可能超過你。

　　在現實生活中有兩種人：一種人在最初奮鬥的過程中信心滿滿的站在起跑線上，並以驚人的速度努力往前衝，而且最終他們跑在了最前面。因此，可能有人稱他們為成功者。其實不然，他們雖然收穫了短暫的成功，但是在接下來的比賽中，他們卻並沒有繼續以百米賽跑的速度和精神往前衝，而是養成了安於現狀、貪圖享受、不思進取的壞習慣 —— 他們認為自己已經取得過成功，就不需要再去努力奔跑了，漸漸的，他們就失去了向前衝的精神和體力。這不僅會使他們喪失掉此前取得的成功，還會使他們的未來充滿了變數。

　　另外一種人卻與之截然相反 —— 當他們跑在最前面時，他們會時刻提醒自己要堅持跑下去，不能被眼前的成功迷惑住，要知道長久的成功才是真正意義上的成功。於是在接下來的發展中，他們不敢有半點鬆懈，而是像此前一樣以百米賽跑的速度繼續全速向前衝，不讓後來的人超過他們，最終他們穩坐在了第一的位置上。

　　由此可以看出，一直保持百米賽跑的速度和向前衝的精神是難能可貴的，這不僅需要一定的耐力，更需要有堅定的意志力。而稻

盛和夫在企業經營中總是保持這樣快的奔跑速度，他認為，企業發展如果只被一時的成功擋住雙眼而不繼續向前發展的話，那麼最終註定會被其他企業超越。

從目前的國際大環境來看，那些生存能力強、實力雄厚的大企業都是透過不斷以百米賽跑的速度和向前衝的精神取得持續發展和成功的。相反，那些實力弱、發展緩慢的企業缺少的就是不斷向前衝的精神，為此該類企業的發展就出現了不同的狀況。

稻盛和夫在成功創立京瓷公司後，由於他經營有方，出現了源源不斷的訂單，於是有人對他說：「稻盛先生，貴公司的訂單越來越多，公司規模也越來越大，你可謂是個成功人士了，為何不把產業交給其他人，自己享享清福啊？」對此，稻盛和夫只是笑了笑，他這樣說道：「真如你所說的那樣，京瓷公司從創立至今確實發展得非常迅猛，這也大大出乎我的預料，貧苦家庭出身的我本可以有資格去度假、去享受的，但是從長遠來看，這還為時過早，在我看來，成功的感覺確實令人心動，但此時萬不可以鬆懈下來。因為一旦鬆懈並停下奔跑的腳步，很有可能被對手超越，這樣此前獲得的成功也會瞬間消失。所以，我會一直以百米賽跑的速度和精神堅持跑下去，這樣才是京瓷公司發展的長久之計。」

在京瓷公司後續的發展中，稻盛和夫並沒有滿足於目前取得的成績，而是不斷透過技術創新研發出各種絕緣陶瓷產品，最終使京瓷躋身於世界五百強企業的行列之內。

事後，稻盛和夫才知道此前勸他享清福的人是另外一家絕緣陶瓷公司派來說服他的說客。試想，如果稻盛和夫在說客的勸說下真

的放手京瓷公司，並滿足於京瓷取得的成功，自身去享清福的話，還會看到京瓷此後取得如此大的成功嗎？如果真這樣的話，京瓷就會落入到說客精心設計的「圈套」中。稻盛和夫用其睿智的經營理念理性的對待成功，並繼續奔跑在努力向前衝的道路上。

從他的這種不放棄快速向前衝的精神中，人們或許能領悟到人生發展中所必備的這種奮鬥精神。相信在稻盛和夫的這種經營哲學的影響下，會有越來越多的人領悟到其中的真諦，並加入到快速向前奔跑的行列中。

8・經營者的意志可以激發員工積極性

【稻盛和夫箴言】
經營依賴於經營者滴水穿石般的堅強意志。

在企業發展中，稻盛和夫有自己的心得體會。在他看來，企業經營得好不僅需要企業管理者擁有過人的智慧，關鍵還要看管理者能否用堅強的意志帶領企業發展下去。而從稻盛和夫實際的經營中可以看出，堅強的意志是其經營企業走向輝煌的關鍵因素之一。

企業在實際的經營過程中，由於市場競爭的殘酷性，企業想要長久的生存下去，其管理者就必須要具有果斷的意志，這樣才能帶領企業更好更快的發展下去。那些有成就的企業管理者在推行一項新業務時，會站在市場的角度仔細考量，如果發現該業務存在很大的發展前景，就會果斷的下定推行的決心，並以堅強的意志將新業務執行到底。最終這種堅強的意志往往會感染企業的每一位員工，

從而激發出這些員工工作的積極性。而員工在明確工作目標以後在積極性的促使下工作也會全力以赴，使新業務順利展開，從而使企業發展的勢頭非常強勁。「經營依賴於經營者滴水穿石般的堅強意志」稻盛和夫認為，所謂經營就是對經營者意志的考驗，一旦將目標確定下來，不管發生怎樣的情況，目標就一定要實現，這種堅強意志對於經營有著不可估量的作用。

然而很多經營者看到目標太遙遠時，就會給自己尋找藉口，或是對目標進行重新修正，甚至會取消目標，經營者這種意志不堅定的態度不但無法實現目標，在一定程度上還會打擊員工們的士氣。對這件事的深刻體驗是在京瓷股票上市以後，股票一旦上市，就一定要對公司下一期業績報表進行發表，預報下一期的業績，對股東作出承諾。然而在日本，一些日本經營者經常以經濟環境變化為藉口，毫無顧忌的將預報數字向下進行調整。

可是在一樣的經營環境下，有的經營者卻能出色的將目標實現。現在的時代變化迅速而且變動頻繁，經營者假如沒有不達目的誓不甘休的意志，履行承諾的堅定意志，經營將很難繼續下去。經常調整策略目標的經營者，對經營的結果一定很不妙，因為即使對目標進行了調整，在遭遇新的環境的時候，就不得不再次進行調整，這樣經常下去，很有可能就會失去投資者，員工也不會對他太過信賴，因此，一旦確定下目標，就需要有堅強的意志，將其貫徹到底。

還有一個方面，雖然說目標依賴於經營者的意志，但同時也需要員工的共鳴。剛開始的時候，經營者必須具備堅定的意志，但隨

後就應該將這種意志和精神傳遞給員工，他們從內心深處發出「讓我們共同努力吧！」的呼聲。

換言之，確定的目標既要符合經營者，也應該符合員工們的共同意志，員工一般不會提出太高的目標，因此必須由經營者下決定。但是這樣的目標需要員工的全體回應，這就是經營者將自己的意志轉變為員工的意志。要做到這一點並不困難，比如跟員工進行一些振作精神的談話：「我們公司雖然規模不大，卻是很有前途的，將來一定會繼續發展，希望全體同仁能一起奮鬥。」然後在舉辦宴會的時候，可以趁此機會表達自己的想法：「我希望今年能將營業額翻一倍。」

讓身邊的下屬符合自己的想法：「社長，說得對，我們一定努力實現這個目標。」以這樣的方式確定下目標，就不會有人再公然提出反對意見，他們會在不知不覺中附和了你的意見，而高目標往往就會成為全體員工一起奮鬥的方向，經營也需要運用心理學。

稻盛和夫認為一定要給企業設定一個更高的目標，然後奔著這個高目標向前努力。當然，目標如果過高的話，可能幾年之內都實現不了，這樣一來，就註定會使員工們失望。

然而，還是應該適當的將目標提高一下，不然的話，就激發不出員工的士氣，公司會沒有活力。

京瓷初具規模的時候，稻盛和夫還運用過一些小的案例：如果能達到十億元的目標，就一起去香港旅遊，如果不完成的話就沒有這次旅行的機會了。結果，大家齊心協力，出色的完成了任務，京瓷所有的工作人員都去了香港旅遊，這就在不知不覺中增強了員工

們之間的凝聚力。在提出高目標的同時不是簡單下命令，還要千方百計的鼓勵員工，共同去實現它。

手腕並不是最重要的，不管怎麼樣必須要達到目標，經營者要想方設法的將自己的意見傳遞給員工。經營者要緊緊抓住一切機會，將自己的意見直率的傳遞給員工。

有一年年底，稻盛和夫忽然得了感冒，發高燒，卻依然參加所有部門的送舊迎新晚會五十多次，在會上他不遺餘力的表達自己對明年事業的展望和構想，希望能夠獲得全體員工的理解和支持。這樣，努力將自己的構想和盤托出的告訴員工，稻盛和夫盡自己最大的努力，將經營目標同員工一起分享，鼓勵員工的熱情，向著經營目標去奮鬥，企業的成長發展將會是迅猛而快速的。

9 · 只有努力才能看到光明

【稻盛和夫箴言】

對待困難最有效的方法也許就是堅持不懈。

創業的初步階段，京瓷所經營的陶瓷產品價格都不是很高。比如京瓷創業剛開始的時候，公司生產 U 字型絕緣體，這種絕緣體作為電視的映像管的精密陶瓷零件，在當時的日本只有京瓷才能生產，它的單件產品價格才九日元，所以這也顯示了當時京瓷創業時的艱辛。

而殘酷的是，京瓷主打的電子零件產品，每年都在大幅降價，跌幅一成或兩成還是可以接受的，但是遇到經濟蕭條的時候，為了

跟同行之間競爭，就會降低三四成，甚至更大幅度的降低。

因此，五六年以後，有些產品的價格甚至不到以前的十分之一。也就是說，即使處於單價低、年年降價的困難處境當中，京瓷依舊自創立以後，經過半個多世紀，孜孜不倦的不斷將營業額擴大。不但實現了高達一萬億日元的營業額，而且直到今天仍舊保持著這種成長性。

京瓷經營中的獲利情況非常值得人們稱道。京瓷從來沒有出現過決算虧損。在創業以來半個多世紀的歷史長河中，在規模超一萬億日元的巨型企業中，這是一個很罕見的現象。

京瓷不但從來沒有出現過虧損的現象，而且京瓷的獲利一直保持了兩位數以上。也就是說，自公司創立以來，在五十多年的時間裡，不僅營業額持續成長，而且利潤率一直非常高。

在這個過程中，匯率經過大幅的變動。從一美元兌換三百六十日元的時代，忽然變成只可以兌換八十日元。因為京瓷積極拓展美國等海外市場，出口比率非常的高，匯率變動對京瓷經營造成的衝擊非常大，儘管如此，京瓷仍然保持了很高的利潤率。

稻盛和夫認為，這正是憑藉京瓷員工堅強的意志而實現的。正由於稻盛和夫有這種經營經歷，所以每當聽到不能獲利之類的話，稻盛先生就會認為這個人意志很薄弱，缺乏鬥志。

下面就有這樣一個發生在京瓷的案例。

在京瓷公司創建接近十年的時候，京瓷公司突然接到了來自電腦龍頭 IBM 公司的一份訂單。IBM 委託京瓷公司生產一批精密的陶瓷配件。雖然接到訂單後整個公司都非常興奮，同時也加足了

勁，但是 IBM 對產品性能的要求卻極為苛刻，可京瓷公司並沒有因此而被嚇退，而是透過科學研究人員的努力生產出了陶瓷配件的樣品，當把樣品交給 IBM 公司時卻總是被退回，並在產品上印有「NG」標識。

為了能與 IBM 做成這筆訂單，京瓷公司大批的科學研究人員都參與了產品的設計與研發。儘管這些科學研究人員投入了大量的心血，並且還投入了大筆的科學研究經費，但最終還是被 IBM 退了回來。可以說，這種挫敗感令京瓷公司的很多人難以接受。而且在此期間公司到處彌漫著無可奈何的氣氛。上至公司管理層，下到科學研究和生產一線的員工抱怨最多的便是：「已經付出了百分之百的努力，實在是沒有其他辦法了。」

稻盛和夫也知道員工的這些抱怨，於是一天夜裡，他來到了生產線，看到一些神色迷茫的科學研究人員在角落裡唉聲嘆氣。當稻盛和夫走近他們的時候才聽到他們在為研發不出合格的產品而苦惱。

於是，稻盛和夫對他們說道：「不要苦惱，困難總是能夠解決的。」但此時這些科學研究人員似乎並沒有聽到他說的話。

「對付困難最有效的方法也許就是堅持不懈。」聽到此話後，這些科學研究人員不由的轉過身來尋找聲音的來源，當他們看到一臉平和的稻盛和夫站在不遠處望著他們時，隱藏在他們內心最深處的鬥志彷彿被激發了出來，於是他們齊聲說道：「堅持不懈才是解決困難最有效的方法！」

在此後的工作中，這些科學研究人員以更加飽滿的工作熱情投

入到了緊張的科學研究中去，並發揚出不怕吃苦的精神。雖然在科學研究過程中還是接連出現失敗，但這卻並沒有影響到他們研發產品成功的決心和勇氣 —— 此時，他們想到更多的是要堅持不懈的將產品研發成功。最終，科學研究人員終於在堅持不懈的努力下研發出了令 IBM 滿意的產品，也因此得到了 IBM 的高度認可。

在經營中，有時會遇到強大的競爭對手，有時會跟客戶產生嚴重的糾紛，有時需要挑戰一個新的高目標，在這種局面下，我們就一定要跨過困難。遭遇這種困局的時候，經營者不免產生害怕的心理。

克服困難就需要有頑強的意志和毅力，要有那種堅忍不拔、堅持奮鬥的內在特質。

稻盛和夫燃燒起「鬥魂」，大概是在大學以後的第一份工作，進入松風工業工作，研究開發精密陶瓷材料的時候。

當時的陶瓷行業都被許多大型企業所壟斷，比如名古屋有日本電瓷瓶、日本特殊陶業，東京有日本塊滑石等公司。稻盛和夫當時還只是一名新員工，在一次聚會中，松風工業的高層們聚集到一起，就開始談論和讚美日本電瓷瓶公司的強大和高超的技術。

不管是價格還是品質，松風工業都無法跟日本電瓷瓶公司相抗衡。但是奮鬥尚未開始，就繳械投降，就像是一隻鬥敗的狗。作為初來乍到的一名新員工，稻盛和夫在這樣的企業開始工作，前後在職差不多四年時間，他自始至終都抱著一種永不服輸的心態。

稻盛和夫離開松風工業以後，創辦了京瓷，在市場上面對的競爭對手，就是日本電瓷瓶公司，另外還有日本特殊陶業公司。大家

118

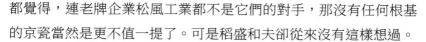

都覺得，連老牌企業松風工業都不是它們的對手，那沒有任何根基的京瓷當然是更不值一提了。可是稻盛和夫卻從來沒有這樣想過。

他將日本電瓷瓶和日本特殊陶業作為提升自己實力的對手，激發出他的鬥志，拚命的爭取訂單，熱情飽滿的投入到了奮鬥之中。

在創業初期，稻盛和夫利用種種機會鼓勵京瓷員工們說：「我們的野心和目標會一步步的擴大，我們將來還要成為中京區第一、京都第一、日本第一，最終我們要成為世界第一！」這番話並不只是單純的鼓勵他們。這是作為一個經營者必須應該具備的雄心抱負，在那些聲名在外、實力雄厚的大企業面前，這句話表達了稻盛和夫「絕不認輸」的態度。稻盛和夫就用這話來激勵自己和員工，督促京瓷的全體同仁們全力投入到工作當中。

就這樣，公司上下一心，團結一致，激發出無限的潛能，投身於事業活動當中，結果京瓷公司果然超越了任何一家日本的陶瓷企業，在陶瓷生產領域，成為名副其實的世界第一。

後來，稻盛和夫創辦了第二電電。當時電信領域正在向自由化方向發展，NTT 也開始向民營化發展，但是由於先行起步的 NTT 實力太過雄厚，壟斷了一些資源，日本的大型企業都不敢與之抗衡，沒有任何一家企業敢涉足電信領域。

當時的日本報紙上經常刊登一些文章，希望能早日出現新電企業能夠與 NTT 抗衡，但是由於自明治時期以來，NTT 所擁有的資產和技術都是最有優勢的，幾乎沒有企業敢與之爭鋒，日本的大型企業都也不敢發聲，這時，稻盛和夫在京都率先發表聲明：京瓷要在電信領域跟 NTT 一較高下：這個聲明震動了日本全國，輿論評

論對京瓷非常不利，都認為這不是京瓷能夠做到的，京瓷必敗。然而，這卻激起了稻盛和夫的昂揚鬥志，他就是要向 NTT 發起挑戰。

　　而如今，第二電電經過重組變為 KDDI，達到了三點四萬億日元的營業額，利潤高達四千四百億日元，已經成長為日本第二大電信企業。

第 4 章

齊心協力，共同經營
──打造「命運共同體」

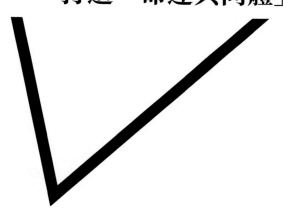

企業經營不能靠經營者單槍匹馬，必須與員工們共同努力。一個人能做的事很有限，需要許多志同道合的人團結一致、腳踏實地、持續努力，才能成就偉大的事業。

── 稻盛和夫

1・命運相吸，歃血為盟

【稻盛和夫箴言】

　　我們並非為私利、私欲歃血為盟。雖然我們沒有能力，但願意團結一致為社會、為他人作貢獻，同志聚集於此，歃血為盟。

　　一九五九年四月，以二十七歲的稻盛和夫為核心，一家從事電子工業用陶瓷材料生產的公司在日本京都誕生，資本金三百萬日元，員工二十八名。這家公司就是京瓷公司。現今，京瓷公司早已成為無處不在的世界級企業 —— 它的產品系包括電子工業陶瓷、產業機械陶瓷、電子機器（電信機器、音響設備）、照相器材、醫療器械，甚至還有人造骨、人造牙根、人造寶石等。

　　京瓷公司並非是在龐大技術團隊的支援下、開發出一個又一個劃時代產品的過程中成長起來的，」稻盛和夫先生說，「京瓷公司一步一個腳印走過的，是一條全體員工同心同德、誠實為本的路」。

　　稻盛和夫先生說，京瓷剛剛成立的時候他們好像化緣一樣走街串巷四處詢問，「請問有沒有什麼工作？」「用這種方式拿來的工作，全是同行做不了放棄掉的。」就這樣，他帶領同事們去爭取業務。稻盛和夫先生和他的同事們別無選擇。除了沒有客戶，京瓷還沒有資金，沒有好設備 —— 這些都只能靠心血來彌補。「一旦接到限時一天的工作，我們全體同心協力，利用二十四個小時的分分秒秒。」

　　稻盛和夫先生曾說，直到現在，在京瓷做到晚上十點，也沒有人會自視為「加班」 —— 為了趕工期，全廠做到晚上十二點的事

情是常常發生的。如果說日本人是以「工作狂」著稱全世界的話，京瓷就是以「工作狂」著稱全日本的。

在京瓷公司一個實行兩班工作制的生產線，每天一清早，當下了夜班的工人走出廠門的時候，生產線主任總是站在門口，挨個對每一個工人說：「辛苦了」、「辛苦了」。而這個主任自己，卻是每天從清早做到晚上十一點 —— 第二天一早，他又會這樣站到廠門口來。

京瓷的奮鬥力，來自於它的數萬員工，他們都把企業視為一個「命運共同體」。事實上，在稻盛和夫先生的經營實踐中，他最關心的課題就是這個「命運共同體」。

在企業的利潤分配上，稻盛和夫先生提出的是「三分」主張 —— 稅前毛利，要按國家稅金、企業累積、員工收入這三個部分來分配。

日本企業的一大特色，是「定期增薪」。而增薪的幅度，則由每年三四月分工會與資方的交涉 ——「春季對抗」來決定。但在京瓷，這樣的勞資交涉卻沒有必要，因為京瓷每年定期增薪的幅度，都要高於一般「春季對抗」勞方所要求的水準。

而另一項更具意義的制度，則是「員工股份所有」 —— 京瓷鼓勵員工們購買公司的股票。有時候，京瓷還把本公司的股票，分給生產中的「功勞者」做為鼓勵，或代替臨時獎金發給全體員工。

要建設的既然是「命運共同體」，物質手段自然就不能全其功。稻盛和夫先生經常告誡員工：「要珍惜自己只有一次的人生，絕不虛度一日，認真的生活。」

「我們要努力開發新的產品，為社會的發展做一份貢獻。」稻盛和夫先生說，大家始終聽得非常認真。

曾經在決定創立京瓷的那天，稻盛和夫先生就提議創業者們「歃血為盟」，他們寫下誓言，割破自己的小拇指，先後在誓詞上按下血指印。當時的誓詞是：「我們並非為私利、私欲歃血為盟。雖然我們沒有能力，但願意團結一致為社會、為他人作貢獻，同志聚集於此，歃血為盟。」這些人後來都成為京瓷的管理幹部，他們也都成為稻盛和夫先生的精神的傳遞者。

一九三九年紐約世界博覽會的「IBM 日」中，老沃森組織了三萬人去參加慶典活動。IBM 職員乘坐老沃森為他們包下的十列火車浩浩蕩蕩的從恩地科特工廠駛向紐約。一路上職員們歡聲笑語，手舞足蹈，好不快活！然而，當天晚上悲劇發生了，一列滿載 IBM 員工家屬的火車在紐約地區撞上了另一列火車的尾部，不知有多少人傷亡！此時正是深夜兩點，四周一片黑暗。老沃森接到電話，二話不說從床上爬起來，帶著他的女兒坐上汽車就向出事地點奔去。火車上的一千五百人裡有四百人受傷，有些人還傷得很嚴重。還好沒人死亡。此時，天已亮，老沃森和女兒一整天都留在醫院裡，與人們談話，並確保傷患們得到最好的醫療護理。老沃森又打電話向紐約總部發出指示，總部的主管們立即忙碌起來。一些醫生和護士源源不斷的來到出事地點，一列新安裝好的火車把那些沒有受傷的人以及受了點輕傷但不妨礙繼續乘車的人接往紐約。當他們到達紐約時，IBM 已把紐約人旅館改造成一座設施齊全的野戰醫院。老沃森直到第二天深夜才返回曼哈頓，回去後的第一件事就

是命令部下為受傷者的家庭送鮮花。許多花店的管理者在深夜被從被窩裡叫出來，為的是第二天一早把鮮花送到傷患的病房裡。

老沃森處理事故的做法中處處透著對員工的關愛，人們從這些關愛中感受到了溫暖和戰勝悲劇的力量。這件事後人們會變得更團結，更加以 IBM 為榮。假如，老沃森沒有出現或沒有及時出現在事故現場，事情又會朝著怎樣的方向發展呢？顯然不會處理得這樣圓滿，甚至會激發矛盾。

古人云：「士為知己者死，女為悅己者容。」、「感人心者，莫過於情。」有時管理者一句親切的問候，一番安慰話語，都可成為激勵下屬行為的動力。因此，現代管理者不僅要注意以理服人，更要強調以情感人。感情因素對人的工作積極性影響之巨大。它之所以具有如此能量，正是由於它擊中了人們普遍存在著「吃軟不吃硬」的心理特點。我們的管理者也應當靈活的運用，透過感情的力量去鼓舞、激勵員工。

一九二〇年代末，由於全世界經濟不景氣，曾經暢銷一時的松下國際牌自行車燈，銷售量也開始走下坡路。此時操縱公司命脈的松下幸之助，卻因為患了肺結核就醫療養，當他在病榻上聽到公司的主管們決定將兩百名員工裁減一半時，他強烈表示反對，並促請總監事傳達他的意見，「我們的產品銷售不佳，所以不能繼續提高產量，因此希望員工們只工作半天，但薪水仍按一天計算。同時，希望員工們利用下午空閒的時間出去推銷產品，哪怕只賣出一兩盞也好。今後無論遇到何種情況，公司都不會裁員，這是松下公司對員工們的保證。」受到裁員壓力困擾的員工們聽及此，都感到十分

欣慰。如此，松下幸之助憑著堅強的意志和敏銳的決斷力，用真摯的情感來打動部屬，挽救了松下電器。從這一天起，眾多的員工們積極的遵照他的命令行事，到翌年二月，原本堆積如山的車燈便銷售一空，甚且還需加班生產才能滿足客戶的需求。至此，松下電器終於突破逆境，走出陰霾。

信心和熱情是人類一切事業成功的關鍵，這一點對於銷售工作尤為重要。作為管理者，如何從根本上消除員工的悲觀失望情緒，樹立他們的信心，激發他們的工作熱情，是企業能否走上成功的命脈所在。態度決定一切，積極自信的人會迸發出驚人的創造熱忱和工作熱情，完成不可完成之事。

透過加強與員工的感情溝通，讓員工了解你對他們的關懷，並透過一些具體事例表現出來，可以讓員工體會到主管的關心、企業的溫暖，從而激發出責任感和愛廠如家的精神。有一句俗話：「受人滴水之恩，當以湧泉相報。」對於絕大多數人來說，投桃報李是人之常情，而管理者對下級、大眾的感情投入，他們的回報就更強烈、更深沉、更長久。這種靠感情維繫起來的關係與其他以物質刺激為手段所達到的效果不同，它往往能夠成為一種深入人心的力量，更具凝聚力和穩定性，能夠在更大程度上承受住壓力與考驗。

用情感來激勵員工，不只可以調節員工的認知方向，調動員工的行為，而且當人們的情感有了更多一致時，即人們有了共同的心理體驗和表達方式時，團體凝聚力、向心力即成為不可抗拒的精神力量，維護團體的責任感，甚至是使命感也就成了每個員工的自覺立場。

自古以來，那些戰功顯赫的將軍們，無不是愛兵如子的人。現代的企業管理者若想創出輝煌業績，贏得員工的擁護，就要真心的關愛員工，幫助員工。如果你能在嚴肅中充滿對員工的愛，真心的替員工著想，那麼他們也自然會替你著想，維護你、擁戴你的。

「人心齊，泰山移。」員工的忠誠和積極性是企業生存和發展的關鍵，是凝聚整個企業的黏合劑。所以企業管理者要懂得關心每一個員工，從而營造出融洽的家庭氛圍，增強員工對公司的歸屬感。公司經營良好時便大量僱人，不景氣時又大量裁員，這其實是一種不負責任的做。這樣做不僅不利於人才的培養，不利於公司長遠發展，也是對人才的不尊重，當然更無法有效的留住人才。

2‧上下齊心是凝聚力的源泉

【稻盛和夫箴言】

經營中小企業面臨的最重要的問題，就是經營者和員工之間的關係問題。

企業在面臨困境的時候，其實力受到了嚴峻的考驗，與此同時，人際關係也會受到嚴峻的考驗。

公司內部是否已經建立了同甘共苦的人際關係？是否已經形成了上下一心的企業風氣？就這個意義上而言，蕭條並不意味著災難，而是對企業良好人際關係進行調整和再建的絕佳機會，應趁這個機會努力營造更良好的企業風氣。

稻盛和夫一貫強調：經營中小企業面臨的最重要的問題，就是

經營者和員工之間的關係問題。經營者要照顧到員工的切身利益，對於經營者的一些決策，員工也應該給予理解和支持，互相幫助、互相扶持，緊密建立經營夥伴的關係，企業中只有形成這樣的上下齊心的風氣，那麼它才會成為優秀的企業。

作為一名企業的經營者，在管理企業的時候，經常會遇到各種複雜的情況。經營者總是希望人才越多越好，然而有些人才雖然有很強的能力，但是卻存在一個致命的缺陷，就是不能跟公司同心協力、團結一致。對一個企業而言，團隊精神必不可少，如果企業像一盤散沙一樣，是難以取得長久發展的。因此，如果有些人才不能跟公司團結一心，則應該立即調動他們的職位，甚至辭退他們，即便是立過戰功的元老也不能例外。因為這種員工不管是在工作態度，還是在行為上，都會給企業造成損失，甚至還會給其他員工帶來不良影響。

一九六三年，貿易專家上西阿沙來到了京瓷，這使稻盛和夫在海外開拓市場終於有了得力助手。但是，這兩個人的個性是截然相反的，由於各種各樣的原因，兩人一再發生衝突和碰撞。

一九六四年，稻盛帶著上西途經香港，飛赴歐美國家。當外國人看到京瓷的樣品時，所有人都為精湛的工藝和高超的技術讚賞不已，但始終沒有客戶來跟京瓷簽約。稻盛有些著急了，於是他從電話本上選出一些相關的電信公司，開始實施日本特有的行銷方式 ——「突入式直銷」。於是，上西與稻盛之間的摩擦，在這次歐美之行中越來越大。

在歐美國家，如果沒有事先約定，就拜訪別人，最終的結果只

會被拒之門外。稻盛對每家公司進行「突擊」行銷，雖然沒有被拒之門外，但是仍然沒人願意跟京瓷合作。稻盛回到旅館中，懊惱心酸到流出了眼淚，對遠在日本的京瓷員工充滿了愧疚之情。稻盛和夫很少顯示出他脆弱的一面，看著稻盛的淚水，上西一時間不知所措，但他馬上冷靜下來，目光盯著稻盛說了句：「補補課吧！」

一九六五年，稻盛和上西又一次飛赴美國。前兩次的訪美，為他們這次美國之行已經作了鋪墊，這次從德州儀器公司接受了一筆電阻器零件的訂單。然而中間發生的一件事，卻使得稻盛和上西之間的衝突白熱化了。

京瓷試圖將產品打入 Motorola 市場，邀請了幾位客戶和代理商討論一下策略。這些人中有位義大利人叫約翰‧西艾諾。一落座，約翰‧西艾諾就信誓旦旦的道：「我對打進 Motorola 有絕對的把握和信心，這事就包在我身上了！」其他人都被西艾諾慷慨激昂的演講所吸引，一個個都將打入 Motorola 的事務推到了西艾諾的身上。可是稻盛和夫對這個義大利人根本就不信任，認為這人說話是不靠譜的。

根據美國的代理習慣，在這個地區的所有業務都應該只由他一個人負責。之前像三菱汽車、SONY 等進軍美國的日本公司，都曾經在美國的代理商制度下吃了大虧。一旦代理商將視線轉移到其他品牌上，自己的產品立刻就會滯銷。而一旦簽約，就不能再跟其他代理商進行合作，即使有客戶找上門來，也不能擅自賣出。

「真的能成功嗎？你打算怎麼做？你認為如何才能打進他們的市場？」

　　稻盛和夫的直覺是：如果聽信了西艾諾的話，勢必就會鑄成大錯。因此他接連不斷的向西艾諾發問。而上西卻覺得稻盛「連珠炮」式的發問對別人很失禮，因此拒絕翻譯。

　　稻盛終於忍耐不住了，他怒吼道：「你究竟是誰的助手？是誰的翻譯？！你知不知道跟這種傢伙一旦合作了，會給公司帶來多大的損失？從今以後，我不再需要你幫忙！」

　　稻盛覺得，技術推銷最重要的是將自己的真誠和專業呈現給客戶，應該讓對方打心眼裡喜歡和接受自己的產品。將跟 Motorola 這種大公司商談的事務全權委託給一個門外漢 —— 西艾諾，他就一定會靠巧言令色的交際手腕去推銷產品，這樣怎麼能做到真誠和專業呢？

　　一回到日本上西就被解聘了。

　　幾天後，一位年邁體衰的老人，蹲在稻盛家門口一動不動。原來他是上西的老丈人春造。老人不停的代上西給稻盛和夫道歉，並懇求稻盛再給上西一次機會，讓他重回到京瓷。春造老人說得非常懇切，況且不顧年邁來給女婿求情。稻盛礙於老人的情面，於是就答應了。

　　第二天，上西對稻盛道：「現在我知道悔悟了，希望仍然能為公司再盡一份力。」

　　但稻盛似乎並不滿足於他的道歉。他想方設法將上西的思考方式扭轉過來。稻盛將上西對生活和工作的態度，以及他思考問題的方式等都提了出來，對上西與他思考方式的根本區別進行了具體詳盡的分析。一個人若是有太多的框框，而每個框框都珍貴無比，那

麼最終的結果總是繞著事物表層轉。兩個不同性格的人如果轉變為合作，就需要重新確立正確的思考方式。京瓷公司的全體員工都有一種根本性的思考方式，那就是用純粹的眼光去看待人和物。倘若上西不將自己的思考方式調整過來，那就不僅僅是關係差，也影響生命的價值和人生幸福。

稻盛敞開心扉，把自己內心的想法對上西和盤托出，最終使兩個人的思想和理念趨於一致。

「你居然為我考慮得這麼細膩！」上西的淚水忽然間奪眶而出。在他的一生中，還從未有人能將他做人做事的誤區，一下子剖析得如此明白。

為了讓全體員工齊心協力、為公司貢獻更大的力量，為了讓大家了解自己，稻盛做了很多這樣的說服工作。稻盛和夫認為，這是一項使人得到鍛鍊和重新塑造的工程，這也成為他創辦公司的一個很重要的目標。

有的人對稻盛和夫的思考能夠很快的接受和理解，並且迅速成長；有的人則要經過稻盛和夫一次次交談，最終使其茅塞頓開；也有些人無論如何都堅持自己的想法，這個時候，稻盛先生就會經過深思熟慮的斟酌，看他對整個公司氛圍造成的影響，如果實在無法融入公司，那就只好將其辭退了。

人是不可以勉強的。倘若不能使對方與自己團結一心，那就毫不留情的予以辭退。即使再優秀的人，假如不能齊心協力，其能量不但得不到發揮，還可能給公司造成致命的傷害。從公司全域出發，這樣的「高能量」應該毫不猶豫的剷除掉。

3‧團結就是力量

【稻盛和夫箴言】

很多人聚集在一起的時候，最理想的關係就是心心相通。相互尊重的同事聚在一起是一件值得慶幸的事，在這樣的團體中，大家為了同伴，再辛苦也是值得的。我很討厭在彼此不信任的氛圍中工作。

稻盛和夫先生說，大家都是生而自由的獨立個體，有各自的想法。理想的組織應該是充滿和諧氣氛的，其中的每個人都真誠的追求自己的目標，不為教條或命運所局限。因此，這樣的想法過於理想化，但大家只有做到目標相互一致，「在社會團體中存在不同的聲音，可以代表一種朝氣蓬勃的現象。」但對企業來說，也就是對一個有特定人物的組織而言，所有的成員必須要有相同的基本價值觀。他說，「如果只是愛好相同的小組，那麼只要暢所欲言，充分發揮個性就行了。但如果是個有目的的團體，就必須擁有共同的價值觀，這樣才能團結一致的為達到目的而奮鬥。」

這樣，組織者首先就要積極主動的工作，並影響推動其他的人，這樣一來，周圍的人自然而然會前來協助你。也就是稻盛和夫先生所說的：「很多人聚集在一起的時候，最理想的關係就是心心相通。相互尊重的同事聚在一起是一件值得慶幸的事，在這樣的團體中，大家為了同伴，再辛苦也是值得的。我很討厭在彼此不信任的氛圍中工作。」

因此，稻盛和夫先生要求部下要像自己一樣坦誠、認真。在

招收新員工時，首先向他們闡述自己的人生觀、事業觀等，並強調「我錄取新員工的標準不是能力，而是看他是否理解貧苦人的心情，對別人的辛酸是否無動於衷，看他是否具有極力克制私欲的人生觀，是不是一個坦率的人、老實的人。」其意在尋找與自己有著共同目標、有著要共同為公司發展努力的人。只有有共同的志向，才會有共同前進的力量。

稻盛和夫先生時刻強調「命運共同體」以加強員工的凝聚力。他說經營者要愛護員工，員工也要體諒經營者，互相幫助，互相扶持，共同謀求企業的共同發展。

在經濟蕭條時期，很多大企業開始辭退員工，把員工從公司宿舍裡趕出去。當時稻盛和夫聽到員工們說：「總得讓我們平安的迎來新年吧，從宿舍被趕出來之後，我們只能流落街頭。」稻盛和夫先生說近代的資本主義，把僱傭歸入人事費，甚至把人當東西處理。一旦遭遇不景氣，沒有別的辦法，為了減少經費，首先就是解僱員工。

而這種情況在經濟蕭條時期尤為明顯。稻盛和夫先生說，在石油危機出現時，京瓷以企業持續發展出發，決定公司領導層全部降薪，而以往公司在第二年即是每年的基薪上調時間。但京瓷工會還是接受了稻盛和夫先生凍結加薪的申請，沒有加薪，而是將錢用於公司運轉。當時其他公司因為加薪問題持續出現工作爭議，而京瓷由於處理得當，並沒有出現員工罷工等事情，每個人依舊努力工作，為著公司能盡快恢復起來夜以繼日奮鬥著。

稻盛和夫先生說，大家以同樣的價值體系來做事，認同公司生

存的基本哲學及其成功之道，同時也使個人有最大的自由去發揮才能。後來隨著經濟的復甦，企業業績回暖後，他說他將定期大幅提高獎金，而且再增加臨時獎金，再加上恢復了員工在當時凍結了兩年的加薪，以此報答當時員工及工會對他的信任。這其實也是因為員工與稻盛和夫先生一樣有著為公司的發展盡一份力，否則也不會發展的如此之快，他說：「我一直希望和同事們結成這樣一種關係：就算再辛苦大家也可以相互合作，一起努力工作，而不想同大家僅僅靠僱傭關係冷冰冰的維繫在一起。」

正因為如此，稻盛和夫先生說，企業經營不能靠經營者單槍匹馬，必須與員工們共同努力。一個人能做的事很有限，需要許多志同道合的人團結一致、腳踏實地、持續努力，才能成就偉大的事業。為了讓員工擁有與自己一致的想法，稻盛和夫先生利用各種場合與他們交流溝通，努力構建一個有共同思想、有統一方向的團體，將全員的力量凝聚起來，做好每一天的工作。正因為造就了這樣一個共同奮鬥的團隊，才有京瓷今天的成就。

在現代的企業中，團隊的作用已得到越來越急切的重視。那麼，現代企業中如何培養和建立團隊精神呢？

（1）要提倡員工對企業的奉獻精神和團體精神，人們生活的意義不僅展現為社會對個人的滿足，而且更重要的展現為個人對他人、對社會的貢獻。人們透過共同創造，促進社會發展，這就需要人們對社會的貢獻。人的本質是潛在著的人的價值，人的價值是實現了的人的本質。對社會的奉獻精神是我們每個人對社會應該

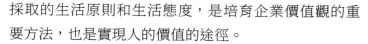

採取的生活原則和生活態度，是培育企業價值觀的重
要方法，也是實現人的價值的途徑。

(2) 確立員工在公司的地位，營造「家庭」氛圍。在現代
企業中要使每個員工樹立企業即「家」的基本理念。
「家」是社會最基本的文化概念。企業是「家」的放大
體。在企業這個大家庭中，所有員工包括總裁在內，
都是家族的一員。其中最高經營者可視為家長。在大
家庭中，所有人都被一視同仁，工班和辦公室員工在
待遇、晉升制度、薪水制度、獎金制度、工作時間、
在現場的穿著上都相同。所有員工都有參與管理、參
與決策的權力。企業主管要特別重視「感情投資」，企
業經理熟悉員工的情況，親自參加員工家裡的紅白喜
事，廠裡經常組織運動會、聯歡會、納涼會（夏季郊外
活動）、懇談、野餐會和外出旅行等活動，可邀請員工
家屬參加。這樣可使企業洋溢著家庭的和諧氣氛。員
工的態度和當家作主精神從事生產，對自己、對企業
度負責，自覺遵守公司原則，按質、按量完成生產任
務和工作任務。正是在這種充滿熱情和創性的員工活
動中，企業的價值才以確立，企業的經營目標才得以
現，企業才得以不斷發展。

(3) 以「和」為本，培養員工敬業和團結合作精神。在市場
經濟條件下，員工的命運和企業的興衰是緊密聯繫在
一起的。因此，企業應重視培養員工的敬業精神。員

工有了敬業的精神，就會牢固樹立「廠興我榮，廠衰我恥。」的理念，顧全大局，自覺的與企業共呼吸、共命運，榮辱與共，真正從內心關心企業的成長和發展，並積極為企業的發展獻計獻策；員工就能夠吃苦耐勞，腳踏實地，忠於職守。勤奮工作，盡最大努力做好本員工作，把自己的專業知識和能力全部貢獻給企業，他們就會自覺的學習，刻苦鑽研文化知識和專業知識，努力提高技術水準和業務素養，從而為企業做更大的貢獻。此外，他們就會勇於開拓，不斷創新，不斷進取，不滿足現狀，不墨守成規，勇於走別人沒走過的路，從而推動企業不斷創新和不斷發展。同時，企業要培養員工的團結合作精神。

俗話說：「人心齊，泰山移，團結就是力量。」企業主管要在企業內部營造一種開放坦誠的溝通氣氛，使員工之間能夠充分溝通意見，每個員工不僅能自由的發表個人的意見，還能傾聽和接受其他員工的意見，透過相互溝通，消除隔閡，增進了解。在團體內部提倡心心相印、和睦相處、合作共事，反對彼此內鬨、內耗外報。但強調「以和為本」並非排斥競爭，而是強調內和外爭，即對內讓而不爭，對外爭而不讓。一個小組團結如一人，與別的小組一爭高低；一個生產線團結如一人與別的生產線一爭高低；一個企業團結如一人，與別的企業一爭高低。所謂競爭意識就是要提高一個團體的競爭能力。企業內部的「和」，也並非一團和氣，忽視失誤。要鼓勵員工參與管理，勇於發表意見。企業要採取各種激勵措施，引

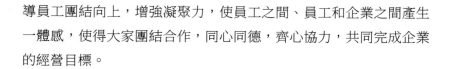

導員工團結向上，增強凝聚力，使員工之間、員工和企業之間產生一體感，使得大家團結合作，同心同德，齊心協力，共同完成企業的經營目標。

4．愛員工，才會被員工所愛

【稻盛和夫箴言】

所謂領導並不是單純意義的領導自己的下屬，而是哪怕犧牲自己也要保護自己的下屬和員工。

「所謂領導並不是單純意義的領導自己的下屬，而是哪怕犧牲自己也要保護自己的下屬和員工。」這句話中充分展現出經營者的責任是要保護員工。所以針對裁員的問題，稻盛和夫認為這種做法是可恥的，他堅信即便是不裁員，公司也一定能找到出路。以一般道理來看，這樣做令人產生很多疑問，在工作量不斷減少的情況下，如果還不裁員的話，企業如何得以正常生存？

一九七四年，受石油危機的衝擊，日本經濟出現低迷現象，京瓷公司當年利潤驟降五十點六億日元。當時，大多數企業都試圖裁員度過面前的難關，而稻盛和夫卻宣布：企業哪怕是靠苔蘚生存下去，也絕不會裁員，更不會停工。為度過難關，他將管理層的薪水降了百分之十，並採取了節能降耗措施來保證員工的生存。員工被稻盛先生的寬厚和誠意所打動，與公司同舟共濟，為了公司頑強打拚，最終使公司逐步重新步入正軌。

稻盛和夫對員工的寬厚與善待員工在那種極其惡劣的情況中展

現得淋漓盡致。這種企業所特有的「人情味」，可謂是京瓷公司的特產；對員工仁愛是「人情味」的基石。這種「人情味」還展現在公司聯誼會和忘年會上，稻盛和夫和公司高級管理人員跟員工之間的「心靈對話」；組織對企業發展作出貢獻的員工出國旅行，展現了他對員工的「感激之心」；將自己擁有的十七億日元股份贈予了一萬兩千名員工，又展現出了他的「無私之心」。

「以心換心」，稻盛和夫以真誠的心去關心照顧員工，同時也得到了員工們對他的尊敬，他們願意無私的為京瓷服務，全身心的投入到工作當中去，即便是去世了，都要葬在「京瓷員工陵園」裡，這已經足夠顯示出他們至死不渝的「忠心」。

國外有遠見的管理者從勞資矛盾中悟出了「愛員工，企業才會被員工所愛」的道理，因而採取軟管理辦法，對員工進行感情投資。

日本一些管理者更是重視企業的「家庭氛圍」。他們聲稱要把企業辦成一個「大家庭」，當員工過生日、結婚、晉升、生子、喬遷、獲獎之際，都會受到企業管理者的特別祝賀，使員工感到企業就是自己的家，企業管理者就像自己的親人長輩。日本桑得利公司員工佐田剛進公司不久，他的父親就去世了。公司總裁島井信治郎率領一些員工到殯儀館幫忙。喪禮結束後，總裁又叫了一輛計程車，親自送佐田和他的母親回家。佐田後來當上了主管，常對人提起這件事：「從那時起，我就下定決心，為了管理者，即使是犧牲生命，也在所不惜。」可見孫子所說「視卒如愛子，故可與之俱死」說的是確有道理。佐田為回報公司總裁的愛心奮力工作，成了桑得

利公司的核心人物，對公司的發展起了重要作用。

員工與企業的關係不僅僅是物質上的僱傭與被僱傭關係，還應是和諧、共同發展的友誼關係。維繫這種友誼的紐帶就是企業要給員工一種「企業就是家」的感覺。

企業管理者應把員工當做自己的親人一樣看待，在一種融洽的合作氣氛中，讓員工自主發揮才能，為企業貢獻自己最大的力量，創造最好。美國西南航空公司的創始人赫伯・凱萊赫的管理信條是：「更好的服務＋較低的價格＋雇員的精神狀態＝不可戰勝。」

西南航空公司的發展並不是一帆風順的，它成立不久，就遇到財政困難。凱萊赫面臨兩個選擇：賣掉飛機或是裁減雇員。在這種狀況下整個公司人心惶惶。公司只有四架飛機，這可是公司的全部經濟來源所在啊！但是赫伯・凱萊赫的做法卻是出人意料的，也讓所有員工大為感動：他決定賣掉這四架飛機中的一架。

「雖然解僱員工短時間內我們會獲得更多的利潤，但我不會選擇這樣做。」他說，「讓員工感到前途安全是激勵他們努力工作的最重要的方法之一。任何時候，我都會將員工放在第一位，這是我管理法典中一個最重要的原則。」

善待員工自然能激發員工對工作的熱愛。公司要求雇員在十五分鐘內準備好一架飛機，員工都很樂意遵守，沒有一個人有怨言。在西南航空公司，雇員的流動率僅為百分之七，是國內同行業中最低的。凱萊赫對此感到非常自豪。

「我希望自己的員工將來與他們的子孫輩交談時，會說在西南航空工作是他們一生中最美好的時光；他們的人生在這裡獲得了成

就感。這也是對我們工作的最大褒獎。」凱萊赫如是說。

　　在短短三十二年內，西南航空公司從成立之初的四架飛機、七十多名員工，已發展到如今擁有三百七十五架飛機、三十五萬名員工、年銷售額近六十億美元的規模，成為美國第四大航空公司。西南航空公司短期迅速崛起的原因與其獨特企業文化分不開。

　　在法國企業界，有一句名言：「愛你的員工吧！他會加倍的愛你的公司的。」關心和熱愛員工即是一種感情投資，而這種投資花費是最少的，然而回報是最高的。只有一切為員工著想、設身處地關心員工的企業，才會讓員工體會到溫暖，只有這樣，才能在無形中加強企業的凝聚力，調動起員工的積極性，極力提高員工的忠誠度。這種經營人心的經營，是一種極高境界的管理之道。

　　在出任日航 CEO 後，稻盛和夫依然貫徹他的這種經營哲學，保護員工利益，絕不裁員。但也有人提出了疑問，因為日航的確是裁掉了一萬六千名員工。對此，稻盛和夫解釋說：在他擔任日航 CEO 以前，日航就已經破產了。破產之後當時有一個政府相關的機構，可能是半公營性質的，叫「企業再生機構」，這個企業再生機構就針對日航如今存在的這種情況制定出來了一個重建計畫，叫做再生計畫。而再生計畫當中它是遵循法律，從法律上講，它已經符合這個破產的規定，制定出了這樣一個再生計畫。再生計畫當中就表示，你們日航的員工是在太多了，因此再生的過程中就要合法的裁掉一部分員工，而法律又規定，倘若因為這個原因的話合法的解聘是可以的。因此，當對在這樣一個前提和背景之下日航解聘了一萬六千名員工，之後稻盛和夫又來到了日航。因此說，在

稻盛和夫經營企業這麼多年的時間裡面，他從來沒有裁掉過任何一個員工。

如果讓員工們離開企業的話，對於企業家而言，稻盛和夫認為是一件極其痛苦的事情，所以如果說裁掉一些日航的員工，那麼企業應該發給這些員工一些津貼。倘若有一些員工是自己願意退出的，那麼企業也應該給他比薪水多幾倍的離職費，作為他為日航工作期間的報酬。

在企業裡，經營者有很大的權力，但是如若行使這些權力，就應該從保護員工的角度出發，為員工謀取幸福，而不可以以此來壓制員工，更不能用自己手中的權力滿足自己的欲望。作為經營者自己要起到垂範帶頭的作用，親自實踐這種哲學，在不斷努力中提升自己的人格。如果這樣做，企業就一定能得到發展，而且可以長期持續繁榮昌盛。

5‧不斷激勵下屬士氣

【稻盛和夫箴言】

看看部下是否熱愛工作，並把自己的活力灌輸給他們，直到他們也有熾烈的熱情為止 —— 這就是領導者的首要任務。

任何一個企業都希望擁有充滿熱情的員工，員工的熱情來自哪裡？

稻盛先生認為，使員工明白企業的經營目的，並且讓員工分享公司的經營成果，是激勵員工的有效措施。稻盛在經營京瓷時，

就以大家庭的利益使大家明白自己在做什麼，做完這個後能得到什麼。他讓員工持一部分公司的股票，使大家感受到大家庭的氛圍。透過這樣的策略，稻盛得到員工的信任和支持，並且激發了員工的工作熱情。

此外，稻盛先生還認為，要想使員工具備某種特質，領導者首先得自己擁有這方面的良好特質。所以在激勵員工時，領導者首先要學會控制自己的情感。因為，領導者的態度和情緒會直接影響與其一起工作的員工。

如果領導者情緒低落，那麼他的員工也將受到影響而變得缺乏動力；相反如果領導者滿腔熱情，那麼他的員工必然也會充滿活力。一個充滿熱情的人是我們可以依靠的力量和榜樣。在熱情的相互感染下，消極的人可以發現自身的不足，迷惘的人可以重新找到方向。

正是熱情，以及熱情的傳遞、感染、再激發，可以消除一個團隊中不和諧的聲音和行為，可以融化和整合團隊的各種資源和潛力，激勵強者，提攜弱者，讓團隊不斷迸發出活力和力量。

管理者和普通員工最大的差別就在於，一個真正的管理者不僅知道自己的責任，更能夠用自己的熱情激發出員工身上最大的能量。在這個過程中，他的行為理念會成為效仿的榜樣，從他的身上員工能看到美好的遠景，並且共同分享成功的喜悅。

對於團隊的管理者來說，只有對自己所從事的工作充滿熱情，才會全身心的投入，才會激勵團隊不斷前進。團隊的管理者要成為一個優秀的「小號手」，能吹起團隊前行路上響亮的「衝鋒號」，激

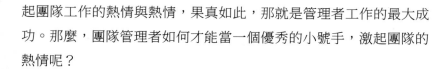

起團隊工作的熱情與熱情，果真如此，那就是管理者工作的最大成功。那麼，團隊管理者如何才能當一個優秀的小號手，激起團隊的熱情呢？

1. 自身熱情要足。

正所謂用心靈感化心靈，用激情點燃熱情。熱情是可以傳染的。那麼管理者自身的熱情顯得非常重要，管理者要成為團隊熱情的「感染源」。員工的工作熱情與企業主管相關，管理者自身如果沒有熱情，很有可能出現的情況就是氣氛低迷。主管有熱情，員工才會被鼓舞，這就需要管理者自身要充滿工作的熱情。

2. 自身勇氣要足。

管理者要成功的激起員工的工作熱情，自身勇氣必須要足。管理者的勇氣是什麼呢？其實最根本的就是管理者自身的形象及在員工中的良好聲譽。管理者在團隊中的可信度越高，工作的勇氣就越足，激勵的效果就越好。管理者是團隊的領頭雁、排頭兵，他的思想覺悟、習慣作風、個人涵養在團隊建設中都起著至關重要的作用，管理者的形象不容忽視，這就需要主管時時刻刻注意自身的形象建設，要對自己常用「整容鏡」，整出自己實事求是的工作作風、腳踏實地的工作態度、令人信服的人格人品，整出自己領頭雁、排頭兵的風姿風采，使自己擁有在團隊中激勵的魅力和資本，增強自己的號召力。

3. 放下身段才平等。

作為一個團隊的管理者，在日常的管理中需要發號施令。不會

發號施令的主管肯定當不成好主管。但是，主管的權威不光是建立在他的行政職務上，還在於他的綜合影響力。因此，在注重制度管理的同時，也要注意親情管理，注意「精神關懷」。主管與員工在職務上雖有區別，但在人格上是平等的。只有主管放下身段，才更容易傳到員工的心裡，激起員工的工作熱情。

員工有沒有熱情，能不能讓員工拿出熱情，是衡量一個團隊管理者的關鍵。熱情是企業的活力之源。無論是彼得 · 杜拉克、湯姆 · 彼得斯，還是松下幸之助、比爾蓋茲，他們都是熱情的宣導者、實踐者。

沒有熱情，團隊將是死水一潭。團隊中的員工，就是死水裡的魚，那種缺氧的窒息讓人絕望。所以，請拿出你的熱情！因為沒有哪家企業願意成為這樣的企業，沒有誰願意成為這樣的員工。

6 · 自上而下與自下而上的整合

【稻盛和夫箴言】

企業領導者的工作不是讓員工被動的去執行企業的決策，而是讓員工積極主動的去完成自己的工作。

在阿米巴經營中，自上而下和自下而上的整合一直是一個重點，即企業各項資源的有效組合。對於很多企業來說，自上而下和自下而上的整合能夠產生三方面的作用：共同價值觀、共同目標、調動員工的主觀能動性。

(1) 共同價值觀

在阿米巴經營中，自上而下和自下而上的整合是一種非常理想的結合。自上而下和自下而上的整合不是特別容易達到，這要求企業決策層和生產現場必須建立在共同的價值觀上。所以，共同價值觀就成為阿米巴經營中維持自上而下和自下而上的整合方式的關鍵點。

企業的決策層必須有一個適合企業中所有層級職位的經營理念，這個理念必須反覆的灌輸，直到被所有的員工都接受認可。在京瓷的發展中，稻盛和夫就是借助自上而下和自下而上的整合方式成功的讓員工接受了京瓷的發展理念，並且將京瓷的價值觀作為自己的價值觀。

在阿米巴的經營過程當中，分享價值觀是一個非常正常的運行因素。因此，稻盛和夫說：「每一個企業都有著不同的價值觀，如果每一個企業都不能將自己的價值觀成功的與員工分享，那麼這個企業的凝聚力自然是難以形成的。所以，我為了讓京瓷的員工體會到阿米巴經營的理念以及好處，我最先做的就是讓員工們分享我的價值觀，分享京瓷的價值觀，最終讓他們變成京瓷的主人，把京瓷當做自己的家。」

(2) 共同目標

稻盛和夫說：「共同目標是一個很現實的問題，但是這其中也存在著很多抽象的概念，員工不容易理解，但是員工不容易理解的主要原因就是他們不知道自己該怎麼做才能夠將自己的實際行動和

決策層的想法完整結合起來。所以，我們經常可以看到，很多企業的價值觀都成為掛在企業大門上的匾額，成為一種擺設，根本就沒有發揮任何作用。」

　　一般來說，隨著企業規模的逐漸擴大，底層員工和企業決策層之間的認同感和一體化感會越來越淡薄，中層以下的非管理人員總是會很容易就產生「反正我們的意見根本就不會引起決策層注意。」的想法。而這正是稻盛和夫在阿米巴經營中非常重視的一個問題。

　　在阿米巴經營中，稻盛和夫將企業的決策權交給了現場，雖然這會有使員工放任自流和失去企業控制力的危險，但是更多的卻是給了員工一種認同感和歸屬感，激發了員工的創造力，並且讓員工成功的分享了企業目標。

　　在阿米巴經營中，自上而下和自下而上的整合是建立在工作時間核算這一指標之上的，因為工作時間核算就像一條紐帶一樣將現場和決策層緊緊的聯繫在了一起。而且透過這一紐帶，現場和決策層之間不僅擁有了共同的價值觀，而且還擁有了共同的目標。

　　在阿米巴經營當中，各個阿米巴的工作時間核算加起來就是整個京瓷的核算。有了工作時間核算這一共同指標，自上而下和自下而上的整合就更有意義，決策層能親臨現場指導工作，同時現場也能夠更好的將決策層的意志轉化為自己的實際行動。

　　所以，稻盛和夫只需要根據京瓷的核算做出經營判斷即可。同時，對於現場的員工來說，這也是決策層直接對他們的工作成果的注意，而現場的員工有了這種感受之後就會大大的激發現場活力。

而且，決策層對改善工作時間核算做出具體指示之後，現場就會制定出一個目標金額 —— 雙方使用同樣的指標，雙方的目的就統一了。可以說，這種做法既能夠保證阿米巴發揮出自己的實力，又能避免阿米巴隨心所欲以及脫離企業的經營軌道。

（3）調動員工的主觀能動性

稻盛和夫說：「企業領導者的工作不是讓員工被動的去執行企業的決策，而是讓員工積極主動的去完成自己的工作。」從稻盛和夫的這句話中可以看出，調動員工的主觀能動性是阿米巴經營的主要組成部分。

工廠為了美化廠區的環境，打算建兩座花山，從園藝公司訂了六百盆花，第二天花山的鐵架和六百盆花都運到了廠區，由於與園藝公司方面的溝通出了問題，盆花卸下車後園藝公司的人卻不負責擺放，與其協商又一直沒有結果。看著滿廠區的盆花，為了不影響工廠的正常營運，必須盡快處理這些盆花，錢已經花了，不可能把花扔掉，處理辦法只有一個 —— 就是自己擺放花山。堆花山這種又髒又累的活，如果強行攤派，無故增加員工的工作量，員工容易把不滿情緒帶到工作中。廠裡的主管覺得此時可以採用「調動員工的主觀能動性」的辦法，於是在員工吃完午餐之後開了一個非正式會議 —— 各抒己見，設計花山怎麼擺放，大家的參與熱情都很高，有建議擺成字的，也有建議擺成企業標識等等。按事前商定好的計畫，主管和部門經理把大家的意見引導成兩套方案，兩套方案各有擁護者，而後分成兩組，就具體方案進行討論。下午正常上班，下班後兩組按照中午制定的計畫開始搭建各自的花山，老總親

自上陣，大家更是幹勁十足，此時大家已產生了兩股主觀的動力：第一，花山是自己參與設計的，把自己的設想親手變為現實是每個人都有的實現理想的衝動，這樣一來，把苦差事轉化為一種有趣的參與活動；第二，對花山的擺放有兩種建議，而正好是要擺兩座花山，此時又產生了第二種主觀動力：戰勝對手的競爭性動力。工作內容沒變（擺花山）但大家的想法變了（不認為是苦差事，而是有趣的活動），工作的動力、效率、品質都發生了改變。大家都做的十分起勁，興趣十足，工作完成的非常順利，完工後，主管為大家在自己的「作品」前拍照留念，並請大家吃了一頓豐盛的晚餐，皆大歡喜。因為花山是大家的作品，工作之餘員工們都經常去保養這些花，

企業的發展取決於員工的幹勁，也就是說，只有透過發揮員工的主觀能動性和創造性，建立一支德才兼備、具有凝聚力和奮鬥力的員工團隊，發揮員工的聰明才智、工作熱情和開拓奉獻精神，為企業的生存和發展提供人才資源，才能推動企業的快速發展。

調動員工的主觀能動性沒有具體的操作模式，它是一套人性化的管理思想，需要企業管理者領會其核心內涵並在管理中根據個體情況靈活運用，理解的程度、運用的技巧決定其作用的大小。

7‧做一個以德服人的管理者

【稻盛和夫箴言】

我喜歡那些不是用強權，而是用自己美好的道德特質去服眾盼領導人，因為他們是值得讓人尊敬的人，他們能夠為企業的發展帶

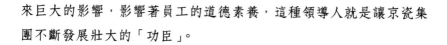

來巨大的影響，影響著員工的道德素養，這種領導人就是讓京瓷集團不斷發展壯大的「功臣」。

范仲淹是歷史名人，而熟悉漢文化的稻盛和夫最為喜歡的古代名人中也有范仲淹。稻盛和夫之所以喜歡范仲淹，是因為范仲淹曾經說過：「臣聞以德服人，天下欣戴，以力服人，天下怨望。」

作為管理者若能深切的愛護民眾，民眾就會親近你；用誠信來交結民眾，民眾就不背叛你；用恭敬的態度來管理民眾，民眾就有遜和之心。孔子主張用「道之以德，齊之以禮」的方法來進行管理，運用人的仁愛心、自尊心、自信心、自覺心來發揮其內在的動力，以求達到組織內的平衡與協調。

在這裡不禁想起了曹操斷髮的故事。曹操雖然生性多疑，野心勃勃，但在軍隊中卻給大家留下了美名。

一次麥熟時節，曹操率領大軍去打仗，沿途的老百姓因為害怕士兵，都躲到村外，沒有一個敢回家收割小麥的。曹操得知後，立即派人挨家挨戶告訴老百姓和各處看守邊境的官吏：現在正是麥熟的時候，士兵如有踐踏賣田的，立即斬首示眾。曹操的官兵在經過麥田時，都下馬用手扶著麥桿，小心的過，沒一個敢踐踏麥子的。老百姓看見了沒有不稱頌的。可這時，飛起一隻鳥驚嚇了曹操的馬，馬一下子踏入麥田，踏壞了一大片麥子。曹操要求治自己踐踏麥田的罪行，官員說：「我怎麼能給丞相治罪呢？」曹操說：「我親口說的話都不遵守，還會有誰心甘情願的遵守呢？一個不守信用的人，怎麼能統領成千上萬的士兵呢？」隨即拔劍要自刎，眾人連忙攔住。後來曹操傳令三軍：丞相踐踏麥田，本該斬首示眾。因為肩

負重任，所以割掉自己的頭髮替罪。

曹操斷髮守軍紀的故事一時傳為美談。

作為企業的管理者唯有做到推己以度他人，才能做到將心比心，嚴於律己，寬以待人，以己度人，推己及人，在日常工作中，就可以消除人與人之間的隔閡，就可以化解人與人之間的某些不必要的矛盾，人與人之間的關係就可以變得更加和諧而易於管理了。

「以德服人」一直是稻盛和夫的經營理念中最為重要的一個理論。稻盛和夫說：「我喜歡那些不是用強權，而是用自己美好的道德特質去服眾盼領導人，因為他們是值得讓人尊敬的人，他們能夠為企業的發展帶來巨大的影響，影響著員工的道德素養，這種領導人就是讓京瓷集團不斷發展壯大的『功臣』。」

在經營企業的過程當中，每一個領導人都必須保持好自己的道德特質，因為這樣的領導人才會獲得員工的信賴，員工才願意跟著他們去一起奮鬥、去實現自己的理想。假如說，一個企業的領導人總是試圖以一些不道德的競爭方式和經營方式去獲取利潤，那麼這樣的企業根本就不可能會獲得持續發展，因為這個企業中的人都不會相信彼此，他們在一起工作的目的只有一個，那就是利潤。試想一下，當一個企業中所有人的目的都是為了利潤的時候，那麼這樣的企業能夠擁有強大的凝聚力和創造力嗎？答案肯定是否定的。

在京瓷集團的發展歷程中，稻盛和夫一直強調阿米巴的領導人應該從「以德服人」開始做起。

在京瓷集團中，手塚博文是稻盛和夫手下的得力幹將之一，某一年冬天的時候，稻盛和夫給予手塚博文一個非常有紀念意義的金

質獎章，上面鐫刻著這樣一行字 ——「你的努力感動了很多人，你的付出讓很多人收益，你沒有英雄的功績，卻有英雄身上讓人感到溫暖的東西。」手塚博文在拿到這個獎章的時候非常激動，他說：「這是比一大筆錢更為珍貴的鼓勵，它讓我看到了我存在的價值，我的一切工作都是對社會有益的，這是一個人能夠在企業中得到的最高榮譽，我深深感謝我身邊的每一個人。」而在這之後，手塚博文的業績不但比以前提升得更高，更為重要的是他比之前更加受員工們的歡迎，因為他變得更加謙虛，而且他在關心業績的同時更關心員工。所以，有才德的他很受員工歡迎。

在京瓷集團中，對於阿米巴領導人的道德水準的要求是非常高的。因為稻盛和夫認為：「阿米巴的領導人如果道德水準低下，那麼不管其是否具有過人的才華，也應該堅決摒棄。因為每一個阿米巴就是一個獨立的營運組織，如果它的領導人道德水準低下，那麼必然不會讓這個獨立的組織產生強大的獲利能力，而且這種道德水準低下的阿米巴還有可能會像『惡性病菌』一樣傳染，將那些道德水準較高的阿米巴領導人變成道德低劣的領導人。所以，京瓷集團從來不會讓道德低下的人去當阿米巴的領導人。」

事實上，正如稻盛和夫所說的那樣。在京瓷集團中，每選出一個阿米巴領導人的時候，都會進行嚴格的道德水準考察。比如說，一個表現十分出眾的員工要被選為一名基層阿米巴的領導人，決定其最終是否成功當選的並不僅僅是他的才能，很大程度上是他的道德水準。在其當選過程中，人力部門會將他即將當選的消息公布出來，然後接受員工的監督 —— 如果其在考察期內沒有出現太多的

問題，而且大多數員工認為他是一個道德上沒有瑕疵的人，在考察期結束之後，他就能夠成功的當選為阿米巴的領導人，反之，如果其在考察期內出現了太多的問題，而且被人發現品行不端，那麼很快就會被淘汰。

8・「和魂洋才」的管理理念

【稻盛和夫箴言】

在我看來，企業的主管為企業的利益應該犧牲自我，你應該像孩子的父母一樣，不要為了自己的利益去犧牲員工的利益。有這種精神才符合我們企業的發展，才有資格做企業的主管。犧牲團隊的利益來滿足一個人的利益，這樣的領導方式與京瓷集團所要求的理想領導人恰好相反。

向海外發展是成功企業進一步擴張的必然趨勢，但伴隨而來的就是企業面對的經營中的跨文化問題。日本的很多企業就是因為在海外發展的過程中沒能處理好文化差異問題，結果極大的影響了企業拓展的步伐。

京瓷在海外發展過程中首先面臨的是，在和歐美企業打交道時的文化差異問題。日本和歐美企業經營的差異，從角度上看在於合議制與獨斷裁決制的差異、年資序列制與能力主義的差異以及信用社會與契約社會的差異；而從另一角度上看，則表現在；美國員工按時下班，而日本員工卻經常加班；歐美子公司的主管有很大的自主權，而日本子公司的主管需要向總公司請示後才能處理事情。在

跨文化狀態中，這些情況都可能會招致矛盾與衝突，從而影響企業的發展。

作為日本的「經營之聖」，稻盛和夫宣導在海外的經營過程中實行「和魂洋才」的管理模式。所謂「和魂洋才」，就是在經營體制中如果必須採用歐美式做法。就原樣照搬，但是要貫徹日本式的思考方式。這種思想可以概括為「東洋道德，西洋藝術」。

京瓷公司早期進駐歐美市場時，稻盛和夫在人才任用及管理方面就展現出他的「和魂」思想。日美企業之間的經營習慣和企業文化差異非常大 —— 美國人只在上班的時間內工作，一下班就立刻收拾東西下班；而在日本企業中，都是奉行「工作第一，休息第二」的理念，只有把事情澈底做好才會下班。在日本企業中，每一個員工對自己的要求都很嚴格，凡事力求完美，而美國人只要做一個差不多就可以了。美國的員工只有在非常具體的操作程序下才能夠認真工作，主管也都有著非常明確的職責許可權，任何事情都只按照上級指示的去做，絕對不會去關心別人。而日本的員工在很大程度上都是依靠員工自覺、自主、主動的去做，非常注重團隊合作，美國人則崇尚契約精神，任何時候都很難相信別人。日本人較為謙虛，並且強調集團利益。美國的企業主管總是一副高高在上的樣子，而日本的企業主管總是一副很隨和的樣子，即便是企業的最高領導者，也經常會換上工作服直接到現場與員工一起去工作。

就是因為這種文化的差異，導致京瓷在美國的企業總是出現各種矛盾。在美國的京瓷企業中，權力和責任幾乎都是由美籍社長一人享有和承擔，而美籍社長的薪水是大學畢業生的二十倍左右，

並且遠遠的高於京瓷集團總部社長的薪水。下級的薪水竟然比上級的薪水還要高，這在很多人看來是一件根本就行不通的事情。對此，稻盛和夫採取了「和魂洋才」式的方法 —— 他採用了一個折中的辦法，即美籍社長的薪水比京瓷總部社長的薪水高，但是比美國的行情低的薪水標準。在稻盛和夫看來，這樣的待遇已經足夠高了，但是美籍社長仍然認為京瓷集團太過於吝嗇，對薪水仍然非常不滿意。

一九八〇年，京瓷的一家美國企業聘請的這位美籍社長在最初上任的兩年裡，京瓷的這家分公司一直都是虧損的，但是到了第三年卻轉為獲利。當時，稻盛和夫非常高興，決定給這個企業中的每一個員工多發一個月的薪水作為獎金，因為美國人對獎金這一概念一直非常重視。於是，稻盛和夫便去找這位美籍社長商量在一個恰當的時間給員工發放這筆獎金。

稻盛和夫找到這位美籍社長說：「我準備給每一個員工多發一個月的薪水，因為公司在創立的最初兩年內一直是赤字，今年好不容易獲利了，我覺得這都是大家努力的結果，所以我想給予大家鼓勵，你覺得怎麼樣？」

誰知稻盛和夫的話音剛落，這位美籍社長便說：「這怎麼可以呢？雖然我們美國人都非常重視獎金，但是獎金一直都是給管理者的，普通的工人怎麼可以享受這種待遇呢？我相信，如果給工人們發放了一個月的獎金，明天就會有一半的員工不會來上班，這肯定會影響公司經營的。」

令稻盛和夫更為吃驚的是，這位美籍社長接下來又說：「公司

在最初的兩年內出現虧損都是我的責任，而今年出現盈餘這也是我努力的結果，這是我的功勞。如果稻盛先生願意支付每一個員工一個月的獎金，那麼其中的一大半應該是發給我的，這是我應該得到的，也是我的權力。」

聽完這位美籍社長的話，稻盛和夫說：「在美國也許是這樣的，但是我卻不想這麼做。在我看來，企業的主管為企業的利益應該犧牲自我，你應該像孩子的父母一樣，不要為了自己的利益去犧牲員工的利益。有這種精神才符合我們企業的發展，才有資格做企業的主管。犧牲團隊的利益來滿足一個人的利益，這樣的領導方式與京瓷集團所要求的理想領導人恰好相反。」稻盛和夫否定了這位美籍社長過分利己、金錢至上的美國式經營風格。之後不久，這位美籍社長就因為和京瓷的經營理念上的衝突而辭職了。

後來上任的一位美籍社長接受了京瓷的經營哲學。這位新上任的美籍社長這樣說道：「每一個國家，每一個民族都有著不同的發展歷史，都有著不同的文化哲學，但是在企業的經營上，在人生的基本原則上，歸根結底都是一樣的。不論在哪一個企業中，不管有著怎樣的企業文化，有著怎樣的價值觀，在工作上都要求努力，都要求取得一定的成果，要為社會的發展做出貢獻，要相信社會的基本規律，這些都具有普遍性，都是真理。」

「因為企業文化的不同，因為價值觀的不同，我們在工作的時候都會產生這樣或那樣的障礙，有時候會痛苦，感到無所適從。但是，在克服這一類的障礙時，我們就會發現不同的文化與不同的價值觀之間的紐帶。我自己是一名虔誠的基督教徒，但是在超於宗教

差異的精神層面上，我在京瓷集團中卻感受不到什麼大的矛盾之處，當我們能夠共用高層次的哲學、文化、理念的時候，所有的障礙都不是障礙。」

　　這位後來繼任的美籍社長現在已經領導著數千名員工，並且年銷售額高達數千億日元的企業。而在美國，他這個級別的管理者收入並不是最高的，但是他卻感到非常充實，並且認為自己的價值得到了充分展現 —— 這就是「和魂洋才」式經營的魅力。

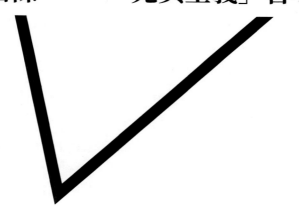

第 5 章

把追求「完美」作為企業經營的信條——「完美主義」哲學

在日常生活中,要求自己事事做到完美實在很難。然而,一旦追求完美變成你的第二天性,就變得輕鬆愉快多了。

—— 稻盛和夫

1 ・「完美主義」的經營理念

【稻盛和夫箴言】

「完美主義」不是「更好」，而是「至高無上」。

　　稻盛和夫認為：「完美主義」不是「更好」，而是「至高無上」。這就是他在工作中不斷執行和追求的目標。

　　稻盛和夫的一位叔叔當過海軍航空隊的飛機維修員，他從戰場歸來後曾對稻盛講起過他在航空隊的經歷，給稻盛留下很深刻的印象。

　　每當轟炸機起飛的時候，維修員都要隨機飛行，但幾乎他們中的所有人都不乘坐自己維修過的飛機。他們似乎不約而同的選擇乘坐別的同事維修的飛機，這裡面有什麼玄機嗎？

　　原來，雖然維修員們在維修保養機器時竭盡全力工作，卻不敢保證自己做的萬無一失，於是他們都乘上同事維修的轟炸機。

　　正因為對自己的工作缺乏充分的信心，又考慮到萬一出現緊急情況，所以維修員們做出了這樣的選擇。稻盛和夫並不贊同這種觀點，他認為每一天的工作都是真刀真槍做出來的，擁有這樣的累積，他一定會對自己的技術有滿滿的自信。如果換了他做飛機維修員，他必定會選擇乘坐自己負責的轟炸機。

　　只有覺得自己的工作做得完美無缺，能給自己的能力打滿分時，才能有正面面對問題的決心和魄力。試問，你做到像對待僅有一次的生命那樣嚴肅謹慎的去對待你的工作了嗎？讓我們將至高無上的完美主義進行到底吧。

法國休蘭伯爾公司在石油開採領域上擁有高超的技術 ── 能利用電波測定地層狀況，確定接近石油層的合適位置，是一家非常優秀的企業。京瓷公司在創立大約二十周年的時候，這家公司的董事長詹恩 · 里夫先生來日本訪問。

里夫董事長是一位很出色的人物。他出身法國的貴族名門，是當時法國社會黨實力政治家們的朋友，還曾成為法國政府內閣候選人。

里夫在訪日期間到京瓷拜訪稻盛，想與他談論經營哲學。

京瓷與休蘭伯爾公司不屬於一個領域，因此當時的稻盛還不太了解休蘭伯爾。他在公司和里夫董事長見面之後，在聊天中發現里夫先生果然不同凡響：他擁有出色的經營哲學，能將公司辦成世界屈指可數的國際型大公司。

雖然他們第一次見面，卻很談得來。後來，稻盛應邀在美國與他再度會面，促膝長談直到夜深。

里夫董事長在談到休蘭伯爾公司的信條時說：「就是努力把工作做到最佳。」

他的這句話引出稻盛的一席話：「『最佳』這個詞，意思是和別人比較是最好的。但這只是相對而言的，因此在水準較低的團隊裡也存在著他們的『最佳』。京瓷的目標不是向『最佳』看齊，而是向著『完美』追求。『完美』 和『最佳』不同，不是和別人比較起來最好，而是帶有很強的絕對性的，說明它自身就具備可靠的價值。因為世上沒有什麼東西能超越『完美』。」那天晚上，稻盛就自己的「完美」主張，與里夫董事長的「最佳」信條的討論持續到

深夜。最後，里夫董事長同意了稻盛的觀點，並表示以後休蘭伯爾公司不再把「最佳」奉為信條，而是推崇把完美主義作為信條。

　　稻盛和夫把追求「完美」作為企業的信條，要求員工確實執行，對企業產生了深遠的影響，也帶給我們許多啟示 —— 正是以追求完美為信條才能使企業擁有細心和細膩，才生產出就完美的產品，才有了產品的獨到之處，才能使企業的可持續發展成為可能。

　　稻盛和夫無論是對自身的要求還是對企業的經營，都會堅定不移的追求完美主義。他的好朋友這樣評價他：「稻盛君追求完美的精神無人可比，當他確定好所追求的目標後，會將完美主義堅持到底。」的確，如朋友對他的評價一樣，稻盛和夫一旦確立好工作目標後，便會投入到工作中。在他創辦京瓷公司期間，需要開拓市場，在完美主義精神的指引下，他白天會跑到松下、SONY、日立等日本大型公司推銷公司生產的絕緣陶瓷產品，到了晚上他還會鑽入到緊張的研發工作中。在他看來，京瓷公司要想盡快成長起來並在市場中占據一定的地位，就必須勤奮工作，並把工作做到完美，只有這樣，才會在市場上走得更遠。

　　在接到松下、SONY 公司的訂單後，稻盛和夫從產品品質入手，對其進行了一遍又一遍的測試，因為他深知，贏得大公司的訂單非常不易，如果公司生產的產品出現瑕疵而被大公司退回來的話，以後不僅失去了與大公司的合作機會，還將使京瓷公司陷入被動的狀態中。於是京瓷公司每接到一筆訂單，無論在產品研發還是生產過程中，稻盛和夫都會親自參與。在這種對產品追求完美的要求下，京瓷公司生產出的產品不僅滿足了松下和 SONY 公司對產

品的要求，還給京瓷公司迎來了更多的發展機遇。這些都要歸根於稻盛和夫一直所追求的完美主義。

工作中追求完美主義就需要比其他人付出更多的努力以及更大的決心，倘若沒有這種精神，那麼是不會追求到真正的完美，取得的成功也會經不起時間的打磨和考驗。

對此，從稻盛和夫的經營哲學中人們可以看到，人生發展過程中，不僅需要設置好人生目標和規劃，重要是對這些目標和規劃是否做到完美。只有那些為了理想追求完美主義精神的人才會收穫實實在在的成功。

2．細節決定成敗

【稻盛和夫箴言】

很多時候從細節中才能發現問題，發現問題的「敏銳度」是做好工作必不可少的因素。

老子曾說：「天下難事，必做於易；天下大事，必做於細。」很多事情看起來龐大複雜、無法解決，但只要我們稍加留心、勤於思考，我們就會發現，問題就出在細節上面。細節決定成敗，注重細節的人往往能多得到一些回報，那些善於從細節入手磨練其敏銳度的人往往都是追求完美的人，稻盛和夫就是這樣的人。

每當他走進生產線時，他會不動聲色的來到儀器設備前，認真聽設備運行時的聲音。有一次，他來到生產絕緣陶瓷片設備前，對身邊的維修技師說道：「這個設備運行的聲音有些異常吧，你沒聽

到機體內部齒輪的摩擦聲嗎?」在維修技師仔細檢查後發現,設備果然出現了故障。

當聽到設備機體裡面出現了異常聲音時,稻盛和夫立即判斷這個設備可能存在故障。對於這個細節也許很多人都會忽視,因為從設備運行來看,它似乎沒有什麼異常,而如果忽視了聲音這個細節,就不會發現設備存在的故障,最後可能導致給工廠帶來嚴重損失,帶來安全隱患。對此,稻盛和夫語重心長的告訴這個維修技師,很多時候從細節中才能發現問題,他還告訴維修技師磨練發現問題的「敏銳度」是做好工作必不可少的因素。

「敏銳度」對於很多要求精細的工作來說確是不可或缺的,「敏銳度」低、反應遲鈍的人,即使問題和故障擺在他們眼前,也會由於他們的疏忽與大意而錯失解決問題的最佳時機。

一個人要建功立業,需要從一件件平平常常、實實在在的小事做起,正所謂「千里之行,始於足下。」那種視善小而不為,認為做小善之事屬「表面化」與「低層次」的眼高手低的人,那種長明燈前懶伸手、老弱病殘不願幫的「不拘小節」的人,要成就大業也難矣。正如稻盛和夫所說:「工作要想做到『完美無缺』,就必須注重細節。」

於細處可見不凡,於瞬間可見永恆,於滴水可見太陽,於小草可見春天。說的都是一些「舉手之勞」的事情,但不一定人人都願「舉手」,或者有人偶爾為之卻不能持之以恆。可見,「舉手之勞」中足以折射出人的崇高與卑微。

某公司聘用臨時員工,工作任務是為這家公司採購物品。招聘

者經一番測試後，留下了一位年輕人和另外兩名優勝者。面試的最後一道題目是：假定公司派你到某工廠採購兩千支鉛筆，你需要從公司裡帶去多少錢？

一名應聘者的答案是一百二十美元。主持人問他是怎麼計算的？他說，採購兩千支鉛筆可能要一百美元，其他雜用就算二十美元吧。主持人未置可否。

第二名應聘者的答案是一百一十美元。對此，他解釋道：兩千支鉛筆要一百美元左右，另外，雜用可能需要十美元左右。主持人同樣沒有表態。

最後輪到這位年輕人。他的答案寫的是一百一十三點八六美元。他說：「鉛筆每支五美分，兩千支鉛筆是一百美元。從公司到這個工廠，乘汽車來回票價四點八美元；午餐費兩美元，從工廠到汽車站約八百公尺，請搬運工人需用一點五美元，還有……因此，總費用為一百一十三點八六美元。」

主持人聽完，露出了會心的微笑。自然，這名年輕人被錄取了。他便是後來大名鼎鼎的卡內基。

卡內基之所以被錄取，是因為他的答案具體而且考慮非常周到，說明他辦事仔細認真，說明他態度嚴謹而不是馬虎。是的，人生路上，雖然誰也無法準確預測我們最終的成功機率是多少，但是，我們卻要盡可能的確定自己所追求的成功的具體目標，因為，我們是在計畫自己的命運，越是具體，就越是向成功靠近了一步。

人生的職業生涯裡，每個人都須具備認真嚴謹的工作精神，發現和處理好好職場中的每一個細節。雖然誰也無法準確預測我們

最終的成功機率是多少，但是，我們卻要盡可能的留意工作中的細節，把每一個細節進行量化，然後做到最好，這樣才能更好的避免職業危機。

　　一個人在工作中養成了注重細節的習慣，有時候，偶然的一個細節，還會給你帶來意外的收穫。

　　從米店小老闆到億萬富翁，這是多大的跨越？這就是億萬富翁王永慶一生的跨越。王永慶是典型的東方商人，他們的經商智慧，就是善用細節。王永慶的細節思考值得我們每個人借鑑和學習。

　　王永慶早年因家貧讀不起書，只好去做買賣。一九三二年，十六歲的王永慶到嘉義開了一家米店。當時，嘉義已有米店近三十家，競爭異常激烈。當時僅有兩百元資金的王永慶，只能在一條偏僻的巷子裡租一個小店面。他的米店開辦最晚、規模最小，沒有任何優勢，新開張時，生意冷清。

　　當時，王永慶的米店因規模小、資金少，沒法做大宗買賣，也沒辦法做零售。那些地段好的老字型大小米店在經營批發的同時，也兼做零售，沒有人願意到地處偏僻的米店買貨。即使王永慶曾背著米挨家挨戶去推銷，效果也不太好：

　　王永慶覺得要想米店在市場上立足，就必須轉變思路，必須有一些別人沒做到或做不到的優勢才行。很快，王永慶從提高米的品質和服務上找到了切入點。當時的臺灣，農業技術落後，稻穀收割後都鋪放在馬路上晒乾，然後脫粒，這就使一些雜物摻雜在米裡。在做飯前都要淘米，用起來很不便，但買賣雙方對此都習以為常。

　　王永慶卻從這一司空見慣的現象中發現了商機。他帶領兩個弟

弟一齊動手，一點一點的將夾雜在米裡的秕糠、沙石之類的雜物揀出來，然後再出售。這樣，王永慶米店賣的米的品質就要高一個等級，因而深受顧客好評。有了信譽，米店的生意也日漸好起來。同時，王永慶也進一步改善服務。當時，用戶都是自己買米，自己運送，這對於一些上年紀的老人，是件很麻煩的事。王永慶注意到這一點，於是超出常規，主動送貨上門。這一方便顧客的服務措施，很快為他贏得了市場。

每次給新顧客送米，王永慶都細心記下這戶人家米缸的容量，並且問明這家有多少人吃飯，有多少大人、多少小孩，每人飯量如何，據此估計該戶人家下次買米的大概時間，記在本子上。到時候，不等顧客上門，他就主動將相應數量的米送到客戶家裡。

在送米的過程中，王永慶還了解到，當地居民大多數都以打工為生，生活並不富裕，許多家庭還未到發薪日，就已囊中羞澀。由於王永慶主動送貨上門，要貨到收款，有時碰上顧客手頭緊，一時拿不出錢，會弄得大家很尷尬。為解決這一問題，王永慶採取按時送米，不即時收錢，而是約定到發薪之日再上門收錢的辦法，極大的方便了顧客。

王永慶正是透過運用細節思考，把握好工作中的每一個細節，逐漸發展壯大，最終建立了台塑集團這一企業帝國，王永慶也由此成為一代商業領袖。

要知道，工作其實是由一些小得不能再小的事情構成的，一個不肯在細節上下工夫的人，是做不出太高的業績的。要想不落入職場危機，只有在工作中的每一個細節上下工夫，才能更多的發現機

會，平步青雲。

3・「最佳」是不夠的，「完美」才是目標

【稻盛和夫箴言】

生產商品的任何環節都不能出現失誤，追求完美才是企業發展的硬道理。

世界上有很多事情都講究因果相繼，你將工作做得完美無可挑剔，不給工作留遺憾，你才能能遠離職業危機，走向成功之路。

稻盛和夫認為能做成事業的人，都是掌握了「完美主義」，並將它貫徹始終的人。這不只是限於製造業，所有的行業、所有的職位都適用這一條規則。

注重細節的完美，就是要工作認真，一絲不苟。注重細節的完美就是每一位員工，都必須擺正自己的位置，注重每一個細節，用細節的態度和眼光，去發現和消除每一個細小的隱患，並養成一種良好的習慣；注重細節的完美就是每一位員工，都必須清楚明白自己所應負有的職責，我們時時刻刻都要回頭望一下，檢討一下，我們該如何做，我們做得如何？我們是否遺漏了某一個細節？

當寶鹼公司剛開始推出汰漬洗衣粉時，市場占有率和銷售額以驚人的速度向上飆升，但是，過了不久，這種強勁的銷售就逐漸放緩了。寶鹼公司的銷售人員特別納悶，雖然進行過大量的市場調查，但一直都找不到銷量停滯不前的原因。

於是，寶鹼公司召開了一次產品座談會。有一位員工說出了汰

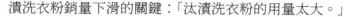

漬洗衣粉銷量下滑的關鍵：「汰漬洗衣粉的用量太大。」

寶鹼公司的主管們急忙追問其中的緣由，這位員工說：「看看我們的廣告，倒洗衣粉要倒那麼長時間，衣服是洗得乾淨，但要用那麼多洗衣粉，算起來很不划算。」

聽到這番話，銷售經理立即把廣告經理找來，算了一下展示產品部分中倒洗衣粉的時間，一共三秒鐘；而其他品牌的洗衣粉廣告中倒洗衣粉的時間僅僅一點五秒。

就是在廣告上這麼細小的一點疏忽，對汰漬洗衣粉的銷售和品牌象造成了嚴重的傷害。大大影響到寶鹼公司的利益。而另一家大企業爾頓卻正是因為抓好了細節，才贏得了全世界範圍內的良好口碑。

希爾頓飯店的創始人康拉德‧希爾頓就是一個在「細節」上追求完美的人。他要求他的員工：「大家牢記，千萬不要把憂愁擺在臉上！無論飯店本身有何等的困難，大家都必須從這件小事做起，讓自己的臉上永遠充滿微笑。這樣，才會受到顧客的青睞！」正是這小小的要求，讓希爾頓飯店享譽全球。

一家企業的副總布迪特曾入住過希爾頓飯店。那天早上剛一打開門，走廊盡頭站著的服務員就走過來向布迪特先生問好。

讓布迪特先生奇怪的並不是服務員的禮貌舉動，而是服務員竟然喊出了自己的名字，因為在布迪特先生多年的出差生涯中，在其他飯店住宿時從沒有服務員能叫出客人的名字。

原來，希爾頓飯店要求樓層服務員要時刻記住自己所服務的每個房間客人的名字，以便提供更細膩周到的服務。當布迪特坐電梯

到一樓的時候，一樓的服務員同樣也能夠叫出他的名字，這讓布迪特先生非常納悶。服務員於是解釋：「因為上面有電話過來，說您下來了。」

吃早餐的時候，飯店服務員送來了一個點心。布迪特問：「這道菜中間紅的是什麼？」服務員看了一眼，然後後退一步做了回答。布迪特又問旁邊那個黑黑的是什麼。服務員上前看了一眼，隨即又後退一步作答。布迪特詢問服務員為什麼每次都要後退一步。服務員回答說是為了避免自己的唾沫落到客人的早點上。

可見，只有將細節、小節、小事做到極致，才算做好了自己的本員工作。

「生產商品的任何環節都不能出現失誤，追求完美才是企業發展的硬道理。」—— 京瓷的員工對稻盛和夫的這句話印象非常深刻。的確如稻盛和夫說的那樣，無論是起初的京瓷公司還是 KDDI 公司，都能反映出這一點，這足以說明稻盛和夫經營企業追求的是完美。

也許有人會問：「力求最佳和追求完美有什麼區別嗎？」在稻盛和夫看來，力求最佳只能說明比以前有所進步，而追求完美才是真正意義上的完善。在京瓷公司步入世界五百強企業時，有一名日本記者採訪了稻盛和夫，向他問道：「稻盛先生，您是如何將企業帶入世界五百強的？」

「追求完美。」稻盛和夫一字一句的說道。

「據我所知，那些追求最佳的企業同樣也很優秀，這和追求完美有什麼區別嗎？」記者發問道。

「當然有區別了，追求最佳指的是好於其他，而追求完美就需要盡善盡美了。」稻盛和夫見記者還有些疑問，便給他講了一件發生在京瓷公司的案例。

京瓷公司早期的發展也和那些優秀的企業一樣「力求最佳」，總是認為生產出的產品比其他廠家好就不愁沒訂單，這種想法一直持續了一年多，但隨後發生的一件事澈底改變了稻盛和夫此前「力求最佳」的想法。京瓷公司受日本一家電子企業的委託生產電子元器件，員工們像往常一樣加班生產著產品，公司所有人都認為該產品肯定會得到電子企業的認可，因為這樣的產品與同類企業生產的產品比起來具有一定的優勢，可謂是最佳產品。當電子企業接收到京瓷公司按期生產的電子元器件進行組裝測試時，一個壞消息從電子企業傳來 —— 電子元件在進行加電測試時一個電容出現了爆炸，所幸的是沒有出現員工受傷的情況。這個消息猶如晴天霹靂一樣砸在京瓷身上，緊接著，京瓷公司對此展開了分析與調查，經過一週時間的調查，終於找出了電容爆炸的原因，一名焊接員工拿錯了電容。事後，京瓷對此事進行了深刻反省，也就是在此時把「力求最佳」改成「追求完美」。透過這樣的改變，京瓷公司嚴格按照完美主義去發展企業，最終再也沒有出現類似的工作失誤。

有些企業在實際發展中認為，產品品質只要比以前有所提高便可以放心的經營下去。殊不知，這種錯誤想法如果傳遞給員工，員工不會認真把關，在這種情況下他們生產出的產品也可能隱藏著未知的品質問題。如此一來，當其他企業購買這些隱藏未知品質問題的產品出現了問題時，生產產品的企業在他們心目中也會留下不好

的印象。

那些「力求最佳」並不是真正的完美，它會給企業發展傳遞錯誤的導向，而「追求完美」才是成功企業必備的素養之一，所以企業要改變思考，把「追求完美」作為經營企業的推動力，這樣企業的發展才具有鮮活的生命力與競爭力。

企業從「力求最佳」到「追求完美」的轉變需要一個過程，這個過程也考驗著企業的決心。可以肯定的是，執行轉變的企業的發展速度要遠遠比那些安於現狀、沒有改革意識的企業要快。這也是稻盛和夫帶給人們的經營智慧。

4・工作面前無小事

【稻盛和夫箴言】

在工作中，無論是企業管理者還是員工都不能對工作掉以輕心，如果疏忽了某一點那麼就可能給工作帶來影響，甚至會給企業發展帶來嚴重影響。

在稻盛和夫看來，在工作中，無論是企業管理者還是員工都不能對工作掉以輕心，如果疏忽了某一點那麼就可能給工作帶來影響，甚至會給企業發展帶來嚴重影響。

稻盛和夫說：「工作面前無小事，完美主義才能防微杜漸。」

花崗岩與佛像同處一間廟宇，人們常常踩著花崗岩去拜佛像，花崗岩覺得很不公平，有一天，它對佛像說：「我們都是從一個採石場裡出來，為什麼人們總是將我踩在腳底而去跪拜你呢？」佛像

笑了笑說：「從採石場出來時，你只經過四刀就成形，而我是經過千刀萬鑿才成佛的。」

平時看似普通平凡的工作，只要我們一直堅持下去，就能夠取得很大的成績，以促使我們走向成功，從而改變我們的命運。

《細節決定成敗》裡有這麼一句話：「把簡單的招式練到極致就是絕招。」細微之處見精神。有做小事的精神，才能產生做大事的氣魄。堅持將簡單的工作重複做，而且能把簡單的工作、瑣碎的事情做到最好，就能展現出這份工作存在的意義，這份工作因此變得不平凡，做這份工作的人更是了不起。

速食鉅子麥當勞公司，就非常注重對員工意識的培養。當新員工進入麥當勞公司時，都會得到這樣的勸告：「工作中的每一件事都值得你們去做，包括那些細小的事，你們不但要做，而且要非常用心去做。因為成功往往都是從點滴的小事開始的，甚至是很多細小入微的地方。」

麥當勞公司之所以如此強調工作中「小事」的重要性，是源於一名員工對一些細微小事的忽略造成了麥當勞公司的損失。

在一九九四年第十五屆世界盃足球賽上，麥當勞公司企圖抓住商機，一展身手。一位策劃人員向公司提出了自己的建議，而且得到了公司的認可。於是這名策劃人員便和其他同事緊鑼密鼓的進行各方面工作的準備。

在開賽期間，麥當勞公司將自己精心製作的印有參賽的二十四個國家國旗的食品包裝袋發給觀眾。原本以為這項創意必將受到各國球迷消費者的歡迎，但不幸的是，在沙烏地阿拉伯的國旗上有一

段古蘭經文，這受到了阿拉伯人的抗議。在阿拉伯人看來，使用後的包裝袋油汙不堪，往往被揉成一團，丟進垃圾桶，這被認為是對伊斯蘭教的不尊重，甚至是對《古蘭經》的玷汙。

於是，面對嚴厲的抗議，這次花費鉅資的行動泡了湯，麥當勞公司只有收回所有的包裝袋，坐了一回冷板凳，當了一回看客。負責策劃的人員也不得不引咎辭職。

不要小看小事，不要討厭小事，做小事情粗粗糙糙、馬馬虎虎、對付遷就、敷衍拖延的人，不可能成為偉大的人；同樣，這樣的企業，哪怕一時轟轟烈烈，終將有土崩瓦解的一天。只要有益於自己的工作和事業，無論什麼事情我們都應該全力以赴。用小事堆砌起來的工作才是真正有品質的工作，用小事堆砌起來的事業才是牢不可摧的。

從前，美國標準石油公司有一位推銷員叫阿基勃特。他大學畢業後一直找不到工作，某天到標準石油公司應聘時，被告知人員已滿。當他退出來時，發現沙發旁邊有一枚大頭針，便把它撿起來隨手放到了桌子上。當人事經理看到這一細節時，便立刻叫他回來說：「你被錄取了。」

進入公司後，儘管出身低微，但他盡心盡職的努力維護公司的聲譽。當時公司的宣傳口號是「每桶標準石油四美元」。於是，不論何時何地，凡是要求自己簽名的文件，阿基勃特都會在簽完名字後，在下面寫上「每桶標準石油四美元」，甚至連書信和收據也不例外。

由於這種原因，他被大家稱為「每桶四美元」，真名反而沒人

叫了。四年後的一天，董事長洛克菲勒無意中聽到此事，便請他吃了一頓飯。當他問阿基勃特為什麼要這樣做時，得到的回答是：「這不是公司的宣傳口號嗎？我想，每多寫一次就可能多一個人知道。」後來，洛克菲勒退休，阿基勃特便成了第二任董事長。

在這家美國最大的石油公司裡，必然是人才濟濟，比他能力強、才華高的人多的是，但卻是他做上了董事長。或許有幸運的成分，但關鍵在於，他處處為公司著想，時時為公司多做一點額外的服務，因此，他就獲得了這樣的獎賞。

工作面前無小事。往往正是人們看起來的「小事」成就了大事。

理智的主管，常會從細微之處觀察員工，評判員工。比如，站在主管的立場上，一個缺乏時間觀念的員工，不可能約束自己勤奮工作；一個自以為是，目中無人的員工，在工作中

無法與別人溝通合作；一個做事有始無終的員工，他的做事效率實在令人懷疑……一旦你因這些小小的不良習慣，給主管留下這些印象，你的發展道路就會越走越狹窄。因為你對主管而言，已不再是可用之人。

如今，社會上的人們逐漸變得浮躁起來了，總是不停的追求各種自己期望的東西，卻對追求過程中的「小」問題極少或者根本不去理會。殊不知，這正是可以帶來好結果的關鍵所在。

很多員工對待工作的態度總是「做得差不多」就可以了，一般對工作不感興趣，是為了「混時間」而工作。用類似的心態，又如何能夠注意得到「小」事情呢？這裡給出的建議是，要麼重新選擇

工作，要麼在目前這個工作職位上做得非常優秀。更詳細的說有如下三點：

(1) 工作上沒有小事。世事皆無「小事」，事事都是工作，只要是能產生工作結果的一部分，無論大小，都值得我們去重視。

(2) 密切注意自己的工作流程，只要覺得沒有達到最佳效果，無論是多麼「小」的細節都應該被注意並獲得改善。

(3) 差距往往從細節開始，造成不同結果的，通常是那些很容易被忽略的「小」事。任何小事，只要你敢忽略它的存在，它就會在你不注意時給你狠狠一擊。

美國國務卿鮑威爾就把「注重小事」當成人生信條，他目前是美國威望最高的將領和領導人。而另一位美國人，世界上唯一依靠股市成為億萬富豪的華倫‧巴菲特就極其贊同「工作無小事」的觀點，他認為，無論在投資策略還是商務策略上，都必須謹記：「細節決定成敗。」

能夠在那些司空見慣的事情裡，發現值得注意和提升的小事，並能在它們未變成大問題前加以解決，這就是最了不起的本領，也是成就大事業的關鍵能力之一。

5‧從現在起就要做到完美

【稻盛和夫箴言】

要完成一個產品，百分之九十九的努力是不夠的。一點差錯，

一點疏忽，一點馬虎都不能允許。

在工作中，第一次就把事情做到完美，是落實工作的第一步。所謂「第一次就把事情做完美」，簡單的講，就是第一次就把事情做得符合要求。稻盛和夫這樣提醒人們：『要完成一個產品，百分之九十九的努力是不夠的。一點差錯，一點疏忽，一點馬虎都不能允許。任何時候都要求百分之百的完美主義。』」

在落實過程中，最沒有效率、最倒胃口的事情就是一件事情開始沒有做完美，被推倒重來。工作中這樣的事情比比皆是。每個人一生當中都會犯很多這樣的錯誤，有的是不起眼的小錯誤，有的是大錯誤，不管錯誤大小，我們都要為之付出代價。

第一次就把事情做完美，不是一個簡單量化的工作標準，而是一個改變所有企業和個人的有效的工作哲學和方法。

第一次就把事情做完美好，是一個人做人做事的哲學，是一個人實現事業成功和人生幸福的第一法則。

第一次就把事情做完美，是對員工的期待，它時時刻刻提醒每一位員工，要盡最大的可能，在接手每一件事情時，抱著「一次就做完美」的信念。

第一次就把事情做完美，是對「品質」品質的嚴格要求，只有「第一次就做完美」才能盡可能減少廢品，保證工作品質。

第一次就把事情做完美，需要員工有紮實的職業技能基礎，需要員工對「第一次」從事的工作有充分的準備。

第一次就把事情做完美，不僅可以有效的減少做錯工作所帶來的成本損失，還可以有效的避免時間的浪費，提高工作效率保

證落實。

假如第一次沒有把事情做完美，就會導致金錢、時間、原材料、精力的損失和浪費。

卡內基曾經說過：「任何一個人都沒辦法改變給人的第一印象，因為你的第一印象永遠留在人家的心裡。」有些人會說，我這一次沒有表達好、沒有表現好，我以後再來完善自己，那只是徒勞而已。第一次實在是太重要了，一旦第一次出現差錯，就很難改變差錯的

現實，因為差錯造成的影響和損失，需要付出雙倍甚至更多的代價才有可能彌補。

著名管理學家克勞士比講了這樣一則故事：

在一次工程施工的過程中，師傅們正在進行著工作。這時，有一位師傅的手頭需要一把扳手。他便對身邊的小徒弟說：「去，給我拿一把扳手來。」

小徒弟飛快的跑去。師傅等了很長一段時間，才見小徒弟氣喘吁吁的跑回來，拿回一把很大的扳手說：「師傅，扳手拿來了，真難找！」

師傅一看，卻發現這並不是他想要的扳手。於是，他非常生氣的對小徒弟說：「誰讓你拿這麼大的扳手呀？」

小徒弟沒有說話，但是顯得非常委屈。這時，師傅才發現，自己叫徒弟拿扳手的時候，並沒有告訴徒弟自己需要多大的扳手，也沒有告訴徒弟到哪裡去找這樣的扳手。他自己以為徒弟應該知道這些，但實際上徒弟並不知道。師傅明白發生問題的根源在自己，因

為他並沒有明確告訴徒弟做這項事情的具體要求和途徑。

第二次，師傅明確的告訴徒弟，到某一庫房的某個位置，拿一個多大尺碼的扳手。這一次，沒過多長時間，小徒弟就把師傅想要的那個扳手拿回來了。

在這個故事中，小徒弟因為第一次沒有把事情做完美，浪費了時間。而更重要的是，要做到第一次就把事情做完美，首先就要知道什麼是「完美」。在工作中，有很多人都遇到過越忙越亂，解決了舊問題，又產生了新故障的情況，在忙亂中造成的錯誤，輕則自己手忙腳亂的改錯，浪費大量的時間和精力；重則事後檢討，但是已經給公司造成嚴重的經濟損失。

第一次沒把事情做完美，忙著改錯，改錯時又很容易製造新的錯誤，惡性循環的死結越纏越緊。在「忙」得心力交瘁的時候，那麼，我們是否考慮過這種「忙」的必要性和有效性呢？

盲目的忙亂沒有任何價值，必須終止。再忙，也要停下來思考一下，使巧勁解決問題，而不要盲目的拚體力。第一次就把事情做完美，把該做的工作落實到位，這正是解決「忙症」的要訣。

在行為準則的貫徹執行上，「第一次就把事情做完美」是一個應該引起足夠重視的理念。如果這件事情是有意義的，具備把它做完美的條件，為什麼不現在就把它做完美呢？因為把事情一步一步的做完美了，就可以達到第一次就把整個事情做完美的境界。

總之，要保證工作落實到位，我們就要用高要求和高標準來要求自己，在做事的過程中，爭取第一次就把事情做完美，不給自己留下再三糾錯的後遺症。

6．百分之一的失誤可能導致百分之百的失敗

【稻盛和夫箴言】

百分之一的失誤可能導致百分之百的失敗。

「若要時針走得準，必須控制好秒針。」當人們忽視自己眼前的細節而到處尋覓成功的良機時，有的人已經注意到這些細節並且運用它們獲得了成功，這就是細節帶來的差距。稻盛和夫也指出：百分之一的失誤可能導致百分之百的失敗。

偉大源於細節的累積，一個追求卓越的人必須在細節上下苦功，在細微處尋找自身的優勢。

有位醫學院的教授，在上課的第一天對他的學生說：「當醫生，最要緊的是膽大心細。」說完，便將一根手指伸進桌上一個盛滿尿液的試杯裡，接著再把手指放進了自己嘴裡。

看完教授的舉動後，學生們都很震驚。教授隨後將那個杯子遞給學生，讓每一位學生照著他的樣子做。看著每個學生將手指伸入杯中，然後再塞進嘴裡，忍著嘔吐狼狽的樣子，他微微笑了笑說：「不錯，不錯，你們每個人都夠膽大的。」接著教授又難過起來：「只可惜你們都不夠細心，沒有注意到我伸入尿杯的是食指，放進嘴裡的卻是中指啊！」

也許你不止一次看過這個故事，但卻沒有認真的分析故事的深層意義。在故事中，教授用哪根手指伸入尿杯，而哪根手指放進嘴中就是關鍵性的細節，所有忽視了這個細節的人都得到了教訓。教授這麼做的本意就是要讓學生明白，無論是在學習還是工作中，必

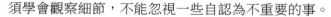

須學會觀察細節，不能忽視一些自認為不重要的事。

　　作為一名優秀員工，每天要處理的事務十分繁多，不可能將所有的精力全部投入細節之中，還必須確定策略的方向，做出決策。如何能在忙碌的工作中，既確定策略方向，做出正確的決策，又能透過挖掘和注意關鍵性細節對工作進行控制呢？

　　陳小姐是一名貿易工作者。一次，她負責一批出口抱枕貿易項目，而這批抱枕卻被進口方加拿大海關扣留了。加拿大方認為抱枕品質有問題，要求全部退回。

　　陳小姐怎麼想也想不出哪裡出問題。因為在與加拿大進口方的整個合作過程中，抱枕的面料、花色都是透過打樣和對方反覆確認的。那究竟是什麼原因讓海關扣留了貨物，甚至要求全部退貨呢？

　　最後透過仔細調查，才知道問題出在抱枕的填充物上。因為負責這項工作的員工誰都沒有重視填充物的作用，而都把注意力放在了抱枕的外套上。由於和製造廠商沒有就填充物的標準做具體要求，製造商在其中混入了部分積壓的原料，導致在填充物中出現了小飛蟲。

　　就因為員工忽略了這些細節，使公司蒙受巨大的經濟損失，在客戶心中留下了不良的印象，為今後公司的發展設下障礙。

　　在本案例中，雖然填充物並非最關鍵的部分，卻也應作為產品的一個組成部分得到與其他部分相同的重視。如果當時有員工考慮到這個細節，或許結果就會皆大歡喜。

　　事物都是有關聯的，而你的成敗往往就由一些毫不起眼的細節決定。雖然決定事物性質的通常是主要的方面，但是關鍵性的細節

卻同樣起著扭轉全域的重要作用。

實際上，我們都明白要抓住關鍵細節，就是《孫子兵法》「知己知彼，百戰百勝」的現代運用。抓住關鍵細節，有助於我們知彼如己，也大大有益於我們「知己」。

對於一名想提升自我的員工來說，忽略了百分之一的細節都可能造成百分之百的失敗。

商業教皇說過：「一個企業家要有明確的經營理念和對細節無限的愛。」一個成熟的職場人士，必須具備對細節的充分掌控能力。「千里之堤，毀於蟻穴。」往往正是這毫不起眼的細節，決定了事情的結局。忽視細節會付出慘痛的代價。往往在你的不以為意間，就錯失了獲得成功的機會。

點滴的小事之中蘊藏著豐富的機遇，不要因為它僅僅是一件小事而不去做。所有的成功都是在點滴之上累積起來的。

7‧橡皮擦絕對擦不掉錯誤

【稻盛和夫箴言】

無論在何時何地，不要抱有「出現錯誤重新擦寫，再改改就沒事」的這種想法，如果當它成為一種習慣後，本來可以改正的小錯誤也將會成為不可挽回的失誤。

在稻盛和夫的企業裡曾發生過這樣的事：當時，稻盛和夫在會計方面有不理解的地方，就一一向財務部長提出疑問。這讓他大傷腦筋，稻盛和夫提的都是「財務報表怎麼讀」、「複式簿記的處理

方式」等這樣的問題。一個連會計的「會」字都不認識的人卻提出了這麼多形形色色的問題，那位年長的財務部長每次都露出不悅的神情。不過稻盛和夫雖然年輕，卻是他的上司，他也不好太敷衍了事。「常識都不懂，盡提些幼稚的問題。」他內心一邊這麼想，一邊勉強應答。

有一次，該財務負責人將一份月底財務報銷清單給稻盛和夫過目，在查看過程中，稻盛和夫對一組資料的計算產生了疑問，便問道：「這個項目的費用是一千日元還是一萬日元？」隨即便把清單遞給了財務負責人。經過他認真仔細核對後，他用橡皮擦去一個「零」，並輕聲說了句：「對不起，是我弄錯了，已經將它改過來了。」對於財務人員這樣的失誤，稻盛和夫忍不住內心的怒火說道：「你工作的失誤導致多寫了一個『零』，從財務上來看，只不過多出九千日元，但你可曾想過，對於大筆資金來說，多寫或少寫一個『零』意味著什麼嗎？這極有可能給客戶或公司造成重大損失。」

財務負責人連忙致歉，並保證以後不再出現類似的失誤。稻盛和夫又語重心長的告訴他，如果每個人都出現這樣的工作失誤，那麼公司發展也將會走到盡頭。

其實很多財務人員，在計算公司財務時為了便於對財務資料修改，往往先用鉛筆計算，如果計算錯誤就會用橡皮擦把錯誤塗掉而重新書寫，在他們看來，擦寫資料最自然不過，也沒有引起他們對工作的足夠重視，正是有了這種對工作的疏忽大意，才會出現工作的失誤。

　　在現實生活中很多人會用橡皮擦把錯誤擦掉重新改寫，他們以為這樣就能夠改正錯誤。其實不然，當錯誤發生後，並不是簡單的用橡皮擦就可以擦掉的。尤其是在工作中，當一個人總是抱有「出現錯誤重新擦寫，再改改就沒事」這種想法去工作的話，就會不停的出現小錯誤，當這些小錯誤累積到一定程度時，就會釀成無法改正的大錯誤。

　　二〇一〇年七月十九日，某托兒所發生校車悶死學童事故。該園一名三歲學童由於被老師遺忘，困在車內長達八個小時，窒息死亡。

　　該學童是家中獨子。七月十九日，家長一早就叫醒了三歲的兒子，穿衣起床準備出門上學。八點三十分，他背著醒目的小黃書包登上同樣是黃色的托兒所校車。這是一輛不到二十座位的車。

　　根據老師事後接受警方調查時的筆錄，當天該學童被安排坐到了總共六排座椅的倒數第二排靠左的位置上，而按照平日慣例，他一般會坐在司機的旁邊。至於為什麼，老師表示自己記不太清當時的情況了。

　　警方筆錄還顯示，老師突然間想起了該學童在這個位置上睡著的樣子，「當天他好像特別睏就睡著了，幾乎沒說什麼話。」車上靠左是兩人座，孩子可以躺下。

　　這趟校車一共接了十個孩子。據老師回憶，其他的小朋友情緒都很高漲。喧鬧為何沒有吵醒該學童，這一點尚無解釋。校車在九點十分，停在托兒所門口，孩子們下車了。老師對警方表示，當時她趕緊下車照看這幫孩子，就沒有清點查看。

　　校車司機是一名五十多歲的老司機。據他對警方的陳述，當天老師和孩子下車後，他關上門窗，又繞著車走了一圈，從透明的車窗裡看了一下車內情況。沒有發現什麼，於是，他也離開了。

　　七月十九日當天，托兒所沒有按照慣例分班上課，孩子們都聚集在操場上，為幾天後的畢業典禮和匯報演出進行節目彩排。因此，正常的交接手續並沒有履行。跟車老師沒有和該學童的班主任進行交接，班主任也沒有追究該學童缺席的原因。

　　中午十二點，進入一天中最熱的時候。據警方測算，當時室外溫度大概是攝氏四十度，車內溫度應該在攝氏五十度以上。

　　托兒所中午有近一個小時的午睡時間。下午，繼續進行演出彩排，孩子們在操場上一直玩到下午四點二十分。

　　該送孩子們回家了。司機開鎖、老師打開車門的一瞬間，發現該學童倒在車裡，早已身亡。

　　教育部作為托兒所的主管部門，認定事故是由於托兒所在安全管理過程中的人為疏忽所導致。接著總結出三個因素：第一，隨車的老師違反每車次要檢查滯留學生的要求，同時，沒有認真做好相應交接工作及檢查記錄工作；第二，司機未能在鎖車門之前做好車廂內滯留學生情況的核查工作；第三，班主任沒有認真做好缺席幼兒的跟蹤了解情況工作，在學童沒有到班上課的情況下，未致電其家長詢問情況。

　　教育部結論：正是由於這三個連環的疏忽，直接導致了該學童的死亡。

　　試想一下，如果這三個連環細節上的疏忽有一個被重視，有一

個被小題大做的認真去落實一下，這樣的悲劇還會發生嗎？

　　但在日常工作中，我們經常看到這樣的現象：有些員工對於工作中的細小疏漏不以為然，或者根本就沒放在眼裡，總認為是小事一樁，沒什麼關係。有的員工對於廠裡的檢查或是處罰還有不少的抱怨，認為是「小題大做」，是「大驚小怪」，是「雞蛋裡面挑骨頭」，是「故意找麻煩」、「故意跟我過不去」……這種想法是絕對錯誤的，絕對不行。

　　從上面這些事例我們可以看出，「小題大做」不僅重要，而且很有必要，因為「小題大做」抓得早是小苗頭、是隱患、是未然，這對於企業最後成敗是最有利的。「小題大做」，既是一種態度，也是一種方法，更是一種理念。如果企業上下，從主管到員工，都能做到「小題大做」、「大驚小怪」，都有這樣的思想認識和工作態度，都能把「小事」當「大事」來抓，就一定能夠做得更好。

　　無論何時何事，「錯了改改就好」的想法絕對不能允許。平時就要用心做到，不允許發生任何差錯。貫徹這種「完美主義」才能提高工作品質，同時提升人自身的素養。

8・日日反省，日日更新

【稻盛和夫箴言】

　　一定要努力克制私利私欲，反覆學習，每天反思自己的行動，反省自己的言行是否有違做人之道。

　　反省是人類可貴的特質，只有不斷的自我反省，才能不斷

的進步。

曾子曰：「吾日三省吾身，與人謀而不忠乎，與朋友交而不信乎，傳不習乎？」意思是說，我們每天都要對自己的言行和心理狀態進行多次的反省，是不是在盡心盡力的為別人辦事？是不是真心誠意的在和別人交朋友？是不是溫習了老師所傳授的知識？是否自私的只考慮到自己的利益？

只有在不斷的自我反省中，才能發現自身存在的不足，從而隨時修正自己的言行，不斷取得進步。稻盛和夫每天都要進行自我反省，他說：「每天結束後，回顧這一天，進行自我反省是非常重要的。比如，今天有沒有讓人感到不愉快？待人是否親切？是否傲慢？有沒有卑怯的舉止？有沒有自私的言行？」他認為回顧自己在一天當中的行為，再對照做人的準則，確認自己的言行是否正確，對完善自己來說是非常重要的。在自己的言行中，如果有值得反省之處，即自己出現自滿、傲慢、怠慢、不周、過失這些錯誤言行的時候，就應該自我修正，加強自律，哪怕只是一點點，也要改正。

常警示，就能分清善惡美醜；師賢達，才能明辨是非黑白。反省自己的言行，才能看清自己的得失，才不會因為只看見成功而忽略了自己的失誤，從而避免自己迷失在已取得的成績裡。

稻盛和夫在他總結的「六項精進」中就提出了「應該天天反省」的思想。他認為天天反省能磨練靈魂、提升人格。透過每天的反省，來磨練自己的靈魂和心志，能讓我們的靈魂得到淨化，從而變得更美麗、更高尚。談到自己在自省這方面的行動時，稻盛和夫說：「我年輕的時候，有時也會傲慢。因此，作為每天的必修課，

我都要進行自我反省。」

　　有一次，記者在採訪稻盛和夫時問道：「您這一生中有沒有犯過錯誤呢？如果有，您是怎麼反省自己，從錯誤中走出來的？」

　　稻盛和夫沉默良久之後，給出這樣的回答：「在我的公司經營中，可以說沒有犯過非常大的失誤，涉及公司生存的大失誤，沒有。不過，小失誤是有的。」在這種謙遜而客觀的態度中，我們看到一個嚴格律己的稻盛和夫。

　　天天反省是提升人格、磨礪心志的最佳途徑。透過自省提高心性修養，能使心的本性排除層層干擾和蒙蔽而展現出來；透過自省加強道德修養，能提高自己的精神境界。常常自省，就能發現問題，精神修養也能得到提高，進而也容易發現解決問題的辦法；每天反省，就能降低我們犯錯誤的機率與次數，最終能擁有美好的人生。

　　稻盛和夫將不斷自省的人生稱為「在悔悟中生活」的人生。這指的是經常真誠的反省自己，自問所做之事是否無愧於心，並培養自戒自律的能力。稻盛和夫曾說過：「在反省自我時，我會盡可能的專注與謙卑，一旦發現自己有一點自私或怯懦，我就說：『不要只想自己。』或是『要義無反顧，鼓起勇氣吧。』一再的進行這樣的練習之後，我的頭腦更為清醒，漸漸的做到了避免錯誤的判斷或潛在的危機。」

　　一九九五年，網際網路浪潮方興未艾。面對誘惑與挑戰，微軟公司的一位董事曾就公司的網際網路策略問題徵詢比爾蓋茲的意見：「我們為什麼不多做一些與網際網路相關的工作呢？」當時，

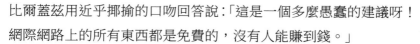

比爾蓋茲用近乎揶揄的口吻回答說：「這是一個多麼愚蠢的建議呀！網際網路上的所有東西都是免費的，沒有人能賺到錢。」

但當比爾蓋茲宣布微軟不會涉足網際網路領域後，許多員工提出了尖銳的反對意見。不少員工直接發信給比爾說，這是一個錯誤的決定。當比爾蓋茲意識到自己的決定並沒有得到大多數人支持後，他花了大量時間重新認識和理解網際網路產業，最終他承認自己此前的決定是武斷和錯誤的。

為了扭轉公司的方向，比爾蓋茲親自撰寫了《網路浪潮》這篇著名的文章。同時，他把許多優秀員工調到網際網路部門，也因此取消和削減了許多與網際網路無關的產品。那些曾經直言勸諫的員工不但沒有受到處分，而且還被委以重任，逐漸成為公司重要部門的管理者。結果，微軟公司很快成為了網際網路領域的領跑者。

在瞬息萬變的軟體行業裡，自省的精神、直接的溝通、寬大的胸懷以及自我修正的魄力才可以臨危不亂——從這個意義上說，正是蓋茲的自我反省拯救了微軟公司。

不管是誰，就算學問再大、職位再高，也不可能沒有缺點，不犯錯誤，百分之百永遠正確。自省，就是要經常運用自我責罵這個銳利的武器，展開積極的思想對抗，堅持真理，修正錯誤。自省是一種境界、一種態度，是對自身價值的真正肯定。自省是一種思想境界和覺悟的高度展現，也是人品人格自我提升的表現。

詹姆斯‧艾倫說過：「如果你不會反省，你的內心將長滿雜草。」這是將自我反省比喻為對心靈的耕耘。詹姆斯‧艾倫在他的《原因和結果的法則》一書中寫道：

　　出色的園藝師會翻耕庭園，除去雜草，播種美麗的花草，不斷培育。

　　如果我們想要一個美麗的人生，我們就要翻耕自己心靈的庭園，將不純的思想一掃而光，並將它培育下去。

　　詹姆斯‧艾倫用雜草比喻我們內心深處一切不好的想法，出色的園藝師不僅要翻耕庭園，還要除去雜草。每個人都是自己心靈的園藝師，我們要翻耕自己心靈的庭園，就要透過天天反省，掃除心中的邪念，然後播種美麗的花草，讓清新、高尚的思想占領心靈的庭園。透過反省除去自己的邪惡之心，繼而培育自己的善良之心。

　　如何做一個高尚的人？一個品格高尚的人應該擁有怎樣的形象？我們應該帶著這樣的問題去描繪心中理想的自己，從而不斷的省察我們的言行，完善自身，以求達到這個理想形象的要求。只有在人生實踐中不斷反省，我們才能提升自己的精神境界，提高心性，成為一個高尚的人。

　　稻盛和夫認為，一定要努力克制私利私欲，反覆學習，每天反思自己的行動，反省自己的言行是否有違做人之道。他說：「考驗人的不只是苦難，成功和幸運也是考驗。有的經營者在事業成功後得意忘形，變質墮落，忘了謙虛，傲慢不遜，溺於私利私欲，結果走向沒落。不懂得成功也是考驗，沉醉於小小的成功，結果自掘墳墓。越是成功時，越是不能忘記感謝周圍的人，同時，『我還應該做得更好吧？』這樣的虛心反省非常重要。」

　　一個人之所以能夠不斷的進步，是因為他能夠不斷的自我反

省。正如零售行業的經營透過盤點就能知道銷售情況一樣，生活中我們也要學會「盤點」自己的心靈，因為「盤點」心靈是接近真善美、遠離假惡醜的過程；「盤點」心靈，是堅持自我完善、走向成功的過程。

9‧完美的產品取決於追求完美的心態

【稻盛和夫箴言】

「抱著產品睡覺」就是要對自己的工作、自己新研製出的產品投入深深的關愛，這是把工作或產品做到最完美的必備條件。

產品生產得是否完美，在某種程度上取決於是否有追求完美的心態。這是稻盛和夫在企業經營中摸索出的經營哲學，也就是在這種經營哲學的影響下，才鑄就了他所經營的企業取得如此的成績。

年輕時候的稻盛和夫是個有理想、有抱負，同時又是個不求完美的人。但隨後發生的一件事澈底改變了他的心態。

他在松風工業負責研發新型陶瓷時，由於新型陶瓷的粉末需要透過一種陶瓷器皿才能完成，而在研磨粉末的過程中要在陶瓷器皿中放入一個球形狀的石塊，這樣做的目的就是透過石塊的滾動而將原材料碾成細粉。這一天，稻盛和夫看到一名工人正在默默擦洗著陶瓷器，認真的清理著石塊上殘留的細碎粉末。不僅如此，這名工人還用乾淨的布把石塊擦了幾遍。此時稻盛和夫內心開始嘲笑這名員工，他心想：「堂堂大學畢業的高材生也要做這種沒有技術含量的工作，真是浪費。」

在此後的一次實驗過程中，稻盛和夫遇到了困惑，新型陶瓷裡面總是沾有雜質，他苦苦思考著這些雜質來自於何處。突然間，他的腦中閃過了那名工人擦洗石塊的畫面，於是他也嘗試著擦洗石塊，實驗最終的結果顯示，新型陶瓷出現雜質的原因就是由於沒有認真清洗掉殘留在石塊上的細粉。此時的稻盛和夫感到非常慚愧，他也明白了看似普通的一個小動作，卻對成功起著至關重要的作用。

可見，產品是否夠完美取決於是否有追求完美的心態，當有了這種心態以後，任何事情都可以迎刃而解。在此後的人生發展中，稻盛和夫牢記此前得到的寶貴經驗，在追求完美的道路上不斷打拚努力，力求生產出完美無缺的產品。

「抱著產品睡覺」──稻盛和夫每次看到研發出的新產品時總會這樣想。

他認為「抱著產品睡覺」就是要對自己的工作、自己新研製出的產品投入深深的關愛，這是把工作或產品做到最完美的必備條件。

「工作畢竟是工作，企業給我提供的薪水根本不值得我對它投入關愛。」這種想法存在於一些人的身上。在他們看來，想要讓自身對工作或產品投入關愛，就必須要提供高薪與高福利，這樣才有投入的價值。然而，要做好工作，並贏得高薪的機會，就必須要消除這種消極的想法。也就是說，全身心投入到工作中，這樣才能抓住工作的要領，不斷創造出完美的產品。

京瓷公司成立不久便接到了一家公司發來的生產「水冷式水

管」的訂單。接到訂單後雖然稻盛和夫和其他員工都非常興奮,但是此前他們並沒有生產過這種產品,甚至連設計藍圖都沒有。因為這種水管不僅結構複雜,而且其生產失敗率也高。

雖然京瓷公司當時並不具備這樣的生產能力,甚至連生產該水管的設備都沒有,但稻盛和夫並沒有輕言放棄,還是全身心投入到對該產品的研發中去。他認為,只有對產品投入足夠的關愛,就一定能研發成功。

為了盡快研發出該產品,稻盛和夫對該產品的關愛程度比其他人都高,同樣也付出了不少努力。比如,該產品在烘烤成型的過程中,如果溫度過高的話可能會使該陶瓷產品出現裂痕的現象。稻盛和夫從分析得知,對該產品烘烤時要嚴格控制好溫度,溫度上不能有任何的錯誤。於是他又嘗試調低了溫度,但結果還是出現了裂痕。他對此非常無奈,但並沒有放棄,而是下定決心要將它烘烤成功。為了試驗成功,他甚至決定在實驗室裡過夜。

此時稻盛和夫心裡想的是「無論如何也要把烘烤該產品的溫度掌握好」,正是在這種強烈意識的作用下,他對產品付出了很大的努力,並傾注了大量的心血。最終將烘烤的溫度掌握得很好。

但在實際工作中,很多人還是缺少這種「抱著產品睡覺」的精神。他們在工作中把「少工作,多拿薪水」作為追求的目標,對工作缺少熱情,甚至會把工作當成一種負擔。殊不知,正是他們對工作不投入、缺少關心的態度,使得他們升職與加薪的機率也大大降低。

作為稻盛和夫人生導師的青山正次,經常會講述「抱著產品睡

覺」重要性。青山正次告訴稻盛和夫：「人生發展過程中，就需要有一種投入的勁頭，尤其是在工作中，因為只有向工作投入大量的時間與精力，才能真正了解工作，最終也會把工作做完美。」

每當稻盛和夫回想起導師，便會仔細思考他說的這些話的真正含義。透過在工作中的摸經驗，稻盛和夫終於也體會到對事情投入越深，獲得成功的幾率也就越大的道理。

對此，他想告訴那些在人生發展過程中不斷打拚的人們這樣一個經營哲學 —— 是否有「抱著產品睡覺」的精神，以及是否能夠將這種精神持續到獲得成功，事關一個人成功的大小與取得的成果是否完美。

10・傾聽產品的笑聲和哭聲

【稻盛和夫箴言】

如果你能喜歡上你的工作，喜歡上自己製造的產品，那麼當某個問題發生的時候，就一定能找到解決問題的方法。

稻盛和夫說：「如果你能喜歡上你的工作，喜歡上自己製造的產品，那麼當某個問題發生的時候，就一定能找到解決問題的方法。」事實上就是這樣，對於工作人員來說，在客戶面前樹立專業的形象是非常重要的。客戶往往喜歡和見多識廣、受過良好教育、能專業解決其需求的人打交道，而不會喜歡一個不專業的人。而且，工作人員是客戶需求和問題的診斷師，沒有專業的形象和能力，如何能贏得客戶的信賴呢？

　　稻盛和夫認為，手拿放大鏡仔細觀察產品，等同於用耳朵靜聽產品的「哭泣聲」。如果找到了不合格產品，就是聽到了產品的「哭泣聲」，我就會想：「這孩子什麼地方疼痛才哭泣呢？它哪裡受傷了呢？」當你把一個個產品完全當作自己的孩子，滿懷愛情，細心觀察時，必然就會獲得如何解決問題的啟示。

　　稻盛和夫講了這樣一則故事：

　　製造新型陶瓷產品的過程是，首先要將原料粉末固定成型，然後放進高溫爐內燒製。

　　一般陶瓷的燒製溫度在一千兩百度左右，而新型陶瓷要在一千六百度的高溫中燒製。當溫度達到一千六百度時，火焰的顏色不是紅色的，在觀察它的一瞬間，它會呈現一種刺眼的白光。

　　將成型的產品放進這樣的高溫爐中燒結時，產品會一點一點的收縮。收縮率高，則尺寸會縮小兩成。而這種收縮在各個方向上並不均衡，若誤差稍有不等即成為不合格產品。

　　另外，板狀新型陶瓷製品燒製時，最初不是這邊翹起來就是那邊彎下去，燒出來的產品凹凸不平。對於新型陶瓷為什麼會彎曲的問題，已有的研究文獻上都沒有記載。我們只有自己做出各種假設，然後反覆試驗。

　　在這過程中，我們弄清了一點，那就是原料放進模具加壓後，因為上面和下面施壓的方式不同，原料粉末的密度也不同。反覆試驗的結果發現，密度低的下部收縮率大，因而發生翹曲。然而，雖然弄清了翹曲產生的機理，但要做到上下密度均勻卻仍然很難。

　　這時，為了觀察產品究竟是怎樣翹曲的，我們就在爐子後面開

了一個小孔，透過這個小孔觀察爐內的狀況，觀察在什麼溫度下產品會彎曲、如何彎曲、它還有什麼別的變化等等。

果然，隨著溫度升高，產品就翹曲起來了。我們改變條件，多次試驗，但無論怎樣改善，產品還是像一個會動的生物一樣，蜷曲起來。

看著看著，我都快沉不住氣了，突然產生一種衝動，就想將手透過觀察孔伸進去，從上面將產品壓住。

這當然不可能。爐內是一千多度的高溫，如果手伸進去，一瞬間就會燒毀，我當然明白這一點，但無論如何也要解決問題的強烈願望，讓我禁不住就想將手伸進高溫爐。

然而，就在想把手伸進爐內將產品壓住的瞬間，突然靈感來了：「在高溫燒結時，只要從上面將產品壓住，它不就翹不起來了嗎？」

於是，我們就用耐火的重物壓在產品上燒製。結果，問題終於圓滿解決，平直的產品做出來了。

這就說明，對於工作，我們要像愛情一樣的投入，當產品出現問題時我們才會找到解決的辦法。

對於任何一個經營者來說，不僅應熟悉自己的產品，更為重要的是應成為產品應用專家，尤其當所自己的產品比較複雜的時候。必須讓客戶覺得你是他們的專家、顧問，你是用產品和服務來幫客戶解決問題的人，而不僅僅是工作人員而已。

優秀的經營者必須能夠毫不遲疑的回答出客戶提出的問題，在必要時，必須準確說出產品的特點。要想準確說出產品的特點，

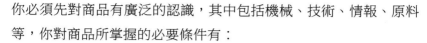

你必須先對商品有廣泛的認識，其中包括機械、技術、情報、原料等，你對商品所掌握的必要條件有：

①用途：這是最起碼的要求。很難想像展示自己的產品卻不知道它有什麼用途，就好像上了戰場卻不知道手中的武器是做什麼的。

②使用法、操作法：不知道商品如何使用就如同拿著槍卻不會裝子彈，那和一塊廢鐵也就沒有差異了。

③材質、製造法、結構、製造廠：要讓對方了解你的產品，就要詳細說明這些基本條件。

④效果、價格：要知道你的商品能有多大功效，尤其要了解商品的真正價格，做到心中有數，以備酌情進行討價還價。

⑤賣法：是批發，還是零售，還有運輸方法等都是對方必須了解而且十分關心的問題。

⑥購入管道，市場評價：商品從何而來，是否值得信賴，商品的聲望如何，是否信譽頗佳，都是你可以利用的有利證據。

熟悉了你的產品，下一步就要盡你所能的向對方展示了。說明產品首先要針對對方的立場和職務加以說明。首先要確認對方想知道什麼，要隨機應變，根據對方的反應，決定自己說明的方向與內容，或者先說出一個總論，分述的時候根據對方的反應去變化。說明產品的時候，更要察言觀色，不能不確認對方的反應，一味的說下去。每一個段落說完，都應觀察一下對方的反應，讓對方也說話，最理想的進行方式是問答式的交談。

展示你的產品，是最為關鍵的一步。如果產品不能合人意，

任你說得天花亂墜也是枉然。這時，你要盡量使用訴之於視覺的材料，如資料、樣品、照片、幻燈片、錄影帶、實物等。需要注意的是展示這些「證據」時，不要只放在桌上，而是交到對方的手中加以說明，不能太早，但更不能等到客人催你時你拿出來。

展示產品時，描繪其他顧客的好評，會使買者具有臨場感。你可以唯妙唯肖的模仿顧客的言行，可以展示使用者的來信、致謝信、登報鳴謝等，還可以利用現代的展示工具 —— 錄音帶或錄影帶，顯示顧客的好評。

不要忘記，請對方實際接觸操作，以引起他的興趣，俗話說：「事實勝於雄辯。」

第 6 章

敬天愛人，與人為善
——「利他」經營

利他的德行是克服困難，召來成功的強大動力。

—— 稻盛和夫

1・「利他」是企業經營的起點

【稻盛和夫箴言】

抑制欲望和私心，就是接近利他之心。我們認為利他之心是人類素有的德行中最高、最善的德行。

稻盛和夫將人心分為利己之心和利他之心兩種。一切為了自身的利益而生活、工作的思想就是利己之心；而為了幫助別人可以犧牲自己利益的思想就是利他之心。

作為一個成功的經營者，稻盛和夫主張把「利他之心」作為企業經營的指導思想。稻盛和夫認為，「利己經營」雖然沒有道義上的不當之處，但並不是企業長遠發展的經營策略。稻盛和夫並不否認人都有利己的一面，不能說有想賺錢的想法就是不好的。但他也指出，要想拉著大家跟自己走，跟著自己好好做，僅僅想著自己賺錢是不行的。要想鼓舞大家的士氣，引導人們隨著自己的步伐前進，就必須有一個更高層次的大義名分，即「利他精神」。

稻盛和夫說：「利他的德行是克服困難、召來成功的強大動力。」

那麼，何為「利他精神」？

孔子曰：「夫仁者，己欲立而立人，己欲達而達人。」意思是說，仁德的人，自己想成功首先要使別人能成功，自己做到通達事理首先要使人也通達事理。

稻盛和夫詮釋道：「這裡所說的『利他』，不僅是一種方便的手段，其本身就是目的。為了集團，為了達到讓大家都能幸福的『利

他』的目的，才具有普遍性，才能得到大家的共鳴。而任何『利己』的目的，最多只能引起一小部分人的同感，但加上『利他』，就有了普遍性，能引起大家的共鳴。正是在這個意義上，要想做好經營，就必須是『利他』經營。」也就是說，作為一個企業，想要獲得利益，無論是服務他人，還是合作分工，都離不開「利他」。「他」不立，企業何以得立呢？

開創事業，從商經營，應該本著至善之心，這就是稻盛和夫一直宣導的經營思想。稻盛和夫說：「抑制欲望和私心，就是接近利他之心。我們認為利他之心是人類素有的德行中最高、最善的德行。」稻盛和夫從「利他」的角度，將企業經營者定義為「三好商人」，即對客戶好，對社會好，對自己好。他認為成為「三好商人」是商人從商的精髓，是從商的極致，也是企業家的使命。

稻盛和夫創建日本第二電電的目的正是出於這種「至善」的動機。

從明治時代以來，日本的電信市場一直是被日本電電公社，也就是現在的 NTT 公司所控制。因為電信市場一直被壟斷著，所以電信費用一直居高不下。為了降低電信費用、服務於民，在民營企業可以自由參與電信事業的經營時，稻盛和夫冒著極大風險參與了電信業的競爭，成立了日本第二電信電信公司，也就是第二電電，即 DDI 公司（現名為 KDDI 公司）。

那時的京瓷公司，發展初具規模，要展開國家性的電信業這種大項目，在實力上還存著極大差距。所以很多人都不看好稻盛和夫的這項決策，甚至認為這樣做是一種魯莽的行為，很有可能將好不

容易發展起來的京瓷公司也拖至險境。

當時的稻盛和夫也很苦惱，在舉棋不定的半年裡，他時常在心裡反反覆覆的和自己對話：「我的動機是善良的嗎？」「你說，你參與電信事業是為了降低大眾昂貴的電信費用，你真的是這麼想的？不是為了對『京瓷』更有利，讓『京瓷』更出名嗎？不是為了博得大眾的喝彩，不是為了沽名釣譽嗎？」「創辦第二電電不是你自己想作秀表演吧！嘴上講得漂亮，說什麼為了大眾，其實還是為了賺錢，還是出於私心才去挑戰電信事業。真的是動機至善、私心全無嗎？」

在經過了近半年時間自我逼問式的思考後，稻盛和夫理清了思緒。這番深思熟慮後，稻盛和夫最終確定了自己沒有私心，是真的想為大眾降低昂貴的電信費用。他明確了自己的出發點，以「利人利世」的純粹動機投身到電信事業中，其目的就是為社會服務。

化學專業出身的稻盛和夫，在初涉電信事業時，可謂連「電信」的「電」字都不明白，但是他還是一心一意的投身到了這項事業中。他謙稱自己當時是「有勇無謀」。為了更快的了解電信行業，更好的為大眾服務，稻盛和夫去拜訪了 NTT 的技術人員，在與十多位年輕的技術骨幹夜以繼日的學習討論之後，志同道合的他們本著「為社會，為人世」的目的走到了一起。這也讓稻盛和夫堅定了開創電信事業的決心。

雖然有了堅定的決心，但 DDI 公司成立的時候，稻盛和夫根本沒有具體的運作方案，甚至連構築電信網路的設施上都無從下手。而同時進入電信業競爭中的還有國鐵、日本道路公團與豐田汽

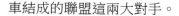

車結成的聯盟這兩大對手。

　　就鋪設光纜線來說，國鐵可以在他們管轄內的新幹線上鋪設光纜，日本道路公團（負責收費道路建設、管理的特殊法人）可以將光纜鋪設於其轄內的東名‧名神高速公路上，和這兩家公司相比，京瓷公司沒有任何便利和優勢。由於國鐵屬於國有財產，所以稻盛和夫向國鐵總裁提出希望沿新幹線再鋪設一條光纜的要求，但被回絕了。稻盛和夫又考慮使用無線網路，但當時任意架設無線通訊網路是不被允許的，所以希望又落空了。

　　在稻盛和夫陷入困境的時候，電電公社，即 NTT 公司的總裁伸出了援助之手，他將 NTT 的一條空餘線路提供給了 DDI 公司使用。但這是一條沿東京、名古屋、大阪的山峰架設碟形天線的無線通訊線路，施工作業相當困難。

　　對於當時的情形，稻盛和夫回憶起來仍心有感觸。第二電電公司在日本列島僅存的這條線路上，沿一座一座山峰修建起了大型碟形天線。夏天在烈日的毒晒下，冬天在凜冽的寒風中，年輕的員工們意氣風發，夜以繼日，居然與國鐵沿新幹線、日本道路公團沿高速公路鋪設光纜這種簡單工程同時完工，成功設置了碟形天線。

　　雖然從零做起，DDI 公司的進度並沒有落後於其他兩家公司，並且與他們同時完成了東京、名古屋和大阪之間的電信線路工程。在很多人看來，DDI 公司基礎設備差，而且還缺乏先進的技術，一定難逃被淘汰的命運。但是在「利他」理念的指引下，稻盛和夫用「為社會，為世人。」的崇高目標聚集了全體員工的力量，DDI 獲得了卓越的成功。

　　眾人拾柴火焰高，得到京瓷全員的支持是稻盛和夫在電信事業上走向成功的原因。「凝聚全體員工的合作的力量才有『第二電電』的成功。」稻盛和夫回憶說，這是他跨入電信業的第一步就能夠走穩的重要原因。

　　在一切硬體設施已經具備之後，DDI 公司就該朝著最初創建時的目標前進了。和國鐵、日本道路公團以企業為服務對象所不同，第二電電公司以一般大眾的室外電話為服務對象，為民眾服務，降低了大眾長途通話費用。

　　這種室外電話的服務得到了民眾的普遍認可與廣泛支持，DDI 公司的業績遠遠領先於其他兩家公司。看見 DDI 公司遙遙領先於同期參與競標的其他企業的事實，很多人都向稻盛和夫討教獲得成功的方法，稻盛和夫回答說：「我的答案只有一個，是希望能有益於人民的、無私的動機才帶來這樣的成功。」這也是稻盛和夫總結的「為他人為社會盡力」的初衷。

　　當企業家在本著善良的動機和正確的方法進行經營時，自會得到好的成果。稻盛和夫在創辦 DDI 公司時，就是將這種思想貫穿到經營電信事業的始終，所以才取得了佳績。或許很多人會認為，這些輝煌的成果是因為最初有 NTT 社長的鼎力幫助。對此，稻盛和夫認為，這份成功除了這個原因外，最核心的原因還是得益於「利他」的經營理念，這也是他在後來企業經營的歷程中不斷得到支持與回應的重要原因。

　　稻盛和夫說：「所謂利他之心，佛教裡是指善待他人的慈悲之心，基督教裡指的是愛。更簡單一點說，是奉獻於社會，奉獻於人

類。這是在人生的道路上，或者像我們這樣的企業人士在經營企業中不可缺少的關鍵字。」

所以，稻盛和夫認為「利他」是企業經營的出發點。從事經營活動，不要只想著企業賺錢，也應該讓合作方獲取利潤，還應該為消費者、投資方、區域性利益做出貢獻。

稻盛和夫提倡企業經營利潤來自於社會，也應該用之於社會的思想。這種對「利他」理念的澈悟，盡自己最大的力量為社會和世人服務的精神被稻盛和夫當作人生中的最大的價值。每個人只能活一次，所以，他認為在這唯一的一次人生中，最高的價值就在於「為社會、為世人」盡力，哪怕只能盡微薄之力。

稻盛和夫提出，在評價一個科學工作者時，不能只看他的學問或業績，即使他沒有傲人的成果，但只要他具備高尚的人生觀、人生哲學，只要他「為社會、為世人」做過貢獻，他就是成功的，他的靈魂就應該榮獲勳章。稻盛和夫說：「在死亡到來之際，我們應得的勳章，不是因為研究成果，更不是因為財產和名譽，而是在現世，在僅有一次的人生中，我們做了多少好事，這才是授予我們靈魂最好的勳章。」

稻盛和夫在京瓷公司發展壯大之後，並沒有獨享成果，在基於回報他人和回報社會的考慮下，稻盛和夫拿出了自己擁有的一部分京瓷股份，設立了「稻盛財團」。「稻盛財團」設立的初衷就在於以財團主辦的「京都獎」表彰的形式，褒獎那些為社會和他人做出貢獻，在尖端技術、基礎教育、思想藝術方面做出傑出成就的人。稻盛和夫創設「京都獎」的目的有兩個：一個就是前面所說的利他

思想，即把「為他人為社會做貢獻」看做是人生在世的最高的作為，希望能報答哺育自己成長的人類和世界；另一個目的就是希望能給那些埋頭苦幹的研究者們一種動力，希望透過表彰那些為人類的科學、文明和精神做出顯著貢獻的人士，促進這些事業在今後的不斷發展。

只有科學的發展與人類精神的深化這兩者之間能夠得到相互的協調，人類的未來才會有安定的前景。這也是稻盛和夫一直深信不疑並堅持為之付出努力的原因。

正是因為稻盛和夫為社會慈善事業做出的貢獻，他受到了人們的高度評價。二〇〇三年，稻盛和夫被卡內基協會授予了「安德魯‧卡內基博愛獎」。在發表獲獎感言時，他這樣說道：「我是工作『一邊倒』的人，我創辦了京瓷和 KDDI 兩家企業，並幸運取得了超出預想的發展，也累積了一大筆財富。我對卡內基說的『個人的財富應該用於社會的利益。』這句話十分認同。因為自己以前也有這樣的想法，財富得於天，應該奉獻於社會、奉獻於人類，因此我著手展開了許許多多的社會事業和慈善事業。」

所謂「君子愛財，取之有道」，稻盛和夫積極推崇該思想。他強調用正確的方法獲得財富，而這種「有道」的財富又要有合適的用處。於是稻盛和夫提出「君子疏財亦有道」的理念。

稻盛和夫的利他經營的哲學思想是具有長遠意義的可行性的經營策略。這種「利他經營」的經營哲學思想中，反映的正是一個企業家正直無私的經營精神。在和諧雙贏的局面中，取得員工的信賴，取得社會的信賴，這也是一條企業通向成功經營的道路。

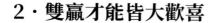

2·雙贏才能皆大歡喜

【稻盛和夫箴言】

　　買賣是由雙方來完成的，雙方都應該得到利益，雙贏才能使雙方都皆大歡喜。

　　對待他人要相關懷之心，做事情的時候要真誠，「買賣是由雙方來完成的，雙方都應該得到利益，雙贏才能使雙方都皆大歡喜。」所謂關懷之心就是稻盛先生常說的利他之心，不但要考慮自己的利益，同時也要考慮對方的利益。必要的時候，還要不惜犧牲自己來保護對方的利益不受損害。然而很多人認為在這種弱肉強食的商業社會中，關懷、利他的思想對於自己的發展非常不利。稻盛先生卻從來不抱有這種態度，他認為在企業經營的領域中「善有善報」的思想同樣行得通，稻盛和夫引用了一個實例。

　　二十年以前，很多日本企業收購了美國公司，但後來由於不斷虧損，最終不得不紛紛撤退或者出售，然而京瓷收購 AVX 以後，卻取得了如此大的成功，這是前所未有的。稻盛和夫認為，他們的失敗和 AVX 的成功之間最大的差距在於他們考慮的只是自己的得失，沒有真正的為對方著想。

　　合作在現代社會顯得越來越重要了。現代的競爭更多的時候是一種「雙贏」的結果，而不一定是你死我活。現在越來越多的競爭工業結為策略夥伴進而合作。他們透過這一策略，不但彌補了各自的不足，還進一步做大了市場獲得了雙贏。事實證明，這樣策略更適合於現代社會的生存之道。

第 6 章　敬天愛人，與人為善─「利他」經營

小公司要做大，最好的策略是「結盟」。

在商業活動中，競爭是自然法則透過競爭，擊敗對手，獨占市場就能獲得最大的利潤。但是，競爭並不是萬能的。有時雙方勢均力敵，弄不好只會魚死網破、兩敗俱傷；而雙方達成一定妥協，發揮各自的優點，共同開發經營，在瞬息萬變的市場上，這樣就能雙方利益共沾，皆大歡喜。

合作的原則應該是雙贏。世界上最大的傻瓜，就是以為別人是傻瓜的人。這樣傻瓜老想著什麼便宜都要占，認為讓對方賺得越少越好。對現代企業而言，市場競爭日趨激烈，對手越來越複雜。如果不替客戶著想，就很難在市場競爭中立穩腳跟。比如，生產商與經銷商二者之間的關係，生產商首先要讓經銷商先贏。如果經銷商贏了，網路健全了，銷量上漲了，那麼，生產商就能得到長遠的發展，最終也是贏家。

印尼華人銀行家李文正，喜歡閱讀古籍；在企業經營過程中，他自覺運用和展現傳統思想文化的精髓。他在和一些企業家談判經營時，把「和為貴」的，思想應用到談判和經營中。他認為做生意，眼光要放遠，「爭千秋而不計較於一時」。如果雙方為利爭鬥，生意就不可能長久。所以他主張雙方談判，不一定要分出勝敗，而應該是皆大歡喜。正是在這種「雙勝共贏理念」的指導下，李文正與印尼民族、華人及外國金融銀行家保持廣泛的公私交誼，合作良好，事業也獲得了飛速的發展。

他經營的一些進口業，最先就是和朋友合資的。一九六○年，他最先轉入銀行業，也是和幾位商人合資的。一九七一年，他與弟

弟李文光、李文明等人共同集資，組織了泛印尼銀行。從一九七三至一九七四年間，在他的介紹下，泛印銀行和印尼中央銀行、世界銀行以及十多家各國銀行、財務和企業公司，又聯合組成印尼私營金融發展公司。同時，泛印銀行和瑞士富士銀行，日本東京富士銀行有限公司，美國舊金山克洛克國際開發公司，澳洲商業銀行及印尼多國開發有限公司，還聯合組成國際金融合作有限公司，從事國際性的資金融通和企業投資開發等業務。後來，泛印銀行又和法國皇家信貸銀行簽訂貸款及技術合作協定，引進法國長期低利信貸，協助印尼工、農業建設及國內外貿易的拓展。

在短暫的五年內，李文正使泛印銀行成為印尼第一大私營銀行。一九七五年，他應邀擔任其他銀行的董事總經理，很快使該行躍居首位。同時，他還獨資創辦控股公司，一方面和美國斯蒂恆斯金融公司聯營一些金融企業；另一方面又和某華人家族各出百分之五十的資本組成一集團、共同聯營另外一些金融企業。透過這兩個集團的聯營，不僅使李文正和其他人的合作更加緊密，而且該集團成了印尼規模最大和最有影響力的金融財團。目前，李文正已成為印尼華人銀行家。據估計，他的資產已達四十億美元之巨。

李文正的「和為貴」思想和「雙勝共贏」思想，是一種獨樹一幟的經營理念。可見，競爭與合作，適時而用，同樣可以取得較好的效果。

「一枝獨秀不是春，百花齊放春滿園。」在現代商業競爭中，企業應該懂得「多贏」策略。因為多贏才是真贏，多贏才是市場經濟的真諦。

3・一定要懷有感恩之心

【稻盛和夫箴言】

　　對於努力和誠實所帶來的恩惠，我們自然心懷感激之情。我們的人生道德標準就是在這些經歷和時間中逐漸鞏固定位的。回首過去，這種感激之心就像地下水一樣滋養著我們道德的河床。

　　感恩是一種美德，更是一種智慧。只有懂得感恩的人，才是具備高尚道德特質的人，才是具有聰明才智的人；懂得感恩的人，才能珍惜自己所擁有的一切，才會有一個積極樂觀的生活態度。

　　稻盛和夫認為懷有感恩之心很重要。「對於努力和誠實所帶來的恩惠，我們自然心懷感激之情。我們的人生道德標準就是在這些經歷和時間中逐漸鞏固定位的。回首過去，這種感激之心就像地下水一樣滋養著我們道德的河床。」

　　他創建的京瓷公司，經歷了日本經濟快速成長、社會富裕的穩定時期後，開始走上正軌，規模也日漸擴大。雖然是透過自己的努力和誠信而取得的成功，但稻盛和夫還是心懷感激之情。

　　稻盛和夫在《活法》一書中寫道：「南無、南無，謝謝。」這簡單的話語是他接觸到的最早的感恩思想。從那時起，感恩的思想就深深的根植在他的內心。

　　稻盛和夫出生在鹿兒島，在他四五歲的時候，他的父親曾經帶著他去參拜了「隱藏的佛龕」。這種佛龕是德川時代的淨土真宗，後來被薩摩藩取締，但人們仍舊暗中虔誠信仰。當稻盛和夫跟隨父親和參拜的一行人登上山后，來到了一戶人家家裡。光線昏暗的室

內點著幾支小蠟燭，一個穿著袈裟的和尚正在誦經。稻盛和夫和其他孩子一起盤坐在和尚的身後，開始聆聽和尚低聲的誦讀經文。參拜結束後，和尚告訴稻盛和夫：「以後，每天要默念『南無、南無，謝謝。』這是在向佛表示感謝。」就這樣，稻盛和夫幼小的心靈裡種下了感恩的種子。他回憶說：「對我來說，這是一次印象深刻的經歷，也是最初的宗教體驗，那時教我感激的重要性似乎奠定了我的精神原型。即使今天，我每臨大事，『南無、南無，謝謝。』，這種感激的話語也常常無意識中脫口而出，或在內心深處響起。」

在稻盛和夫看來，擁有一顆感恩的心是每一個企業家成功的必需條件。他說：「因為感恩，我們學會慈悲。我們可以提供員工更好的工作環境，員工們會努力的工作，當大家都學會感恩的時候，這個世界就變得非常美好，少了紛爭，多了關懷。所以，我們在經營企業的過程中，一定要學會多給員工一些關愛，常懷一顆感恩的心，讓我們一同步入美好的生活。」

一九七五年的時候，稻盛和夫受邀去訪問沖繩的一家企業。這家企業在接待稻盛和夫的時候準備了非常豐富的文化娛樂活動，特意請來非常有名氣的歌舞團為稻盛和夫表演了當地最受歡迎的一種舞蹈。在觀看完舞蹈之後，稻盛和夫的內心發生了很大的變化，因為他從那個表達感恩上蒼的舞蹈中體會到了感恩的力量。

沖繩在日本歷史上一直是一個飽受戰火和災亂的地方 —— 在江戶時代，沖繩受到日本薩摩藩的壓榨，而在第二次世界大戰的時候，它就是日本的本土前哨，日本在二戰時期的「罪責」不少讓沖繩承擔。沖繩一直是一個有著優秀文化的地方，江戶時代的薩摩藩

曾經在經濟上剝削、在政治上壓迫他們。而稻盛和夫作為擁有薩摩藩血統的人，他在沖繩看到感謝上蒼的舞蹈之後，內心湧起了一種原罪感。同時，也讓他的內心產生強大的震撼 ── 「這個地方真是一個偉大的地方，這裡的人們遭受了那麼多辛酸的經歷卻依然對上蒼心懷感恩，並且非常好客和熱情，他們的做法太令人感動了。我想我也應該向他們學習，學習他們的感恩精神，這能夠讓我思考人生。」

在這之後，稻盛和夫一直沒能夠忘記沖繩，更沒忘記自己在沖繩撿到的那一顆感恩的心。一九八六年的時候，伴隨著移動電信自由化過程的加快，除了東京和中部圈之外，京瓷集團在東北部、北海道、關西、北陸、四國、九州以及中國等地區分設了電信公司。而就在這個時候，稻盛和夫特別提出，應該在沖繩也設立一個單獨的電信公司。

當時，稻盛和夫的這一決定讓京瓷集團的員工都很吃驚，他們想不通為什麼要在沖繩設立一個單獨的電信公司。因為沖繩並不是一個單獨的經濟圈，它只是九州經濟圈的一個部分。在當時的日本行政規劃中，沖繩是隸屬於九州的，所以只需要將沖繩的業務規劃在九州的電信公司的管轄之下就可以了。但是，稻盛和夫卻做出了這樣一個出人意料的決定。事實上，稻盛和夫之所以做出這樣的決定，最為主要的原因就是他的感恩心理 ── 他感激沖繩讓他有了一顆感恩的心。

所以，在「沖繩懇話會」上，稻盛和夫一再的堅持他的建議。他向所有的人說：「我現在正在全國各地設立移動電信公司，因為

我覺得沖繩從歷史上就是一個很少得到上天眷顧的城市，但是沖繩人民卻依舊對上蒼懷有感恩之心，所以我們應該幫助他們。這樣做不但是在幫助沖繩也是在幫助我們，讓我們擁有一顆感恩的心。」

稻盛和夫的話讓當時在座的每一個人都非常動容，他們決定聽從稻盛和夫的建議，在沖繩建立一個電信公司。當時，沖繩的本地企業家們在聽說了稻盛和夫的這個決議之後也非常高興。其中一位沖繩商業界的代表這樣說：「從外地來到沖繩，您是第一個提出這一方案的人，您提出的方案是真正的為沖繩著想。」

當時，幾乎所有的沖繩企業都想著出資與京瓷集團進行合作，成立一家電信公司。最後，沖繩當地的很多企業聯合出資百分之四十，與京瓷集團合資成立了電信公司。在電信公司成立之後，除了會長和一名董事是由京瓷集團派人擔任之外，包括社長在內的所有主管都是由沖繩本地人擔任的。

可以說，稻盛和夫的這種「感恩式經營」是一種非常能夠激勵員工，激發員工積極性的經營方式。更為重要的是，當企業主管心存一顆感恩的心時，員工也會懷有一顆感恩的心，整個企業就會形成一種互相理解、互相幫助、真誠合作的工作氛圍，從而讓企業煥發出活力，產生巨大的競爭力。

在沖繩的電信公司成立之後，無論是出資者、董事，還是員工們，大家都意氣風發，幾乎每一個人都會說：「這是我們的公司，是上天賜給我們的事業，我們需感謝所有幫助我們的人，我們需要努力的工作，用成功來回饋社會。」就這樣，該公司開始快速發展，在短短的幾年之內就成為全國唯一一個超越 NTT 的電信公司。

第6章　敬天愛人，與人為善—「利他」經營

　　一九九七年的時候，沖繩的電信公司已經成為當地市場占有率第一的公司，公司業績一路飆升。同年，該公司順利實現了上市 —— 當時在日本的電信公司有八家之多，但是實現成功上市的只有在沖繩的那一家。公司上市讓當地人非常高興，很多當地的年輕人都以成為該公司的一名員工而驕傲。

　　現如今，稻盛和夫依然保留著電信公司名譽會長一職 —— 在母體第二電信電信公司，稻盛和夫也從董事會隱退，但是名譽會長的保留卻是一個例外。當時，在稻盛和夫準備請辭電信公司會長一職的時候，沖繩當地各界人士懇請稻盛先生：「無論如何希望稻盛先生能夠保留會長一職」。出於對於沖繩人民的感恩之心，稻盛和夫決定不辜負大家的期望，仍舊擔任公司的名譽會長一職，不收取任何酬勞。

　　稻盛和夫認為自己從創立沖繩的電信公司一開始就沒有絲毫的私人打算，就是出於一顆感恩的心。從沖繩本土建立企業回饋當地，拉動當地的經濟，服務於當地民眾，這就是自己最開心的。可以說，正是為沖繩人民做出貢獻的這一純粹想法讓稻盛和夫獲得了威望，員工們在企業中能夠感受到自己被尊重，自己的工作就是一種巨大的貢獻，而這種經營方式所帶來的推動力與激勵作用，使得企業獲得發展和成就。所以，對於任何一個想成為像稻盛和夫那樣成功的企業家來說，學會感恩是非常重要的。

4‧領導者要具有「大愛」精神

【稻盛和夫箴言】

　　作為領導者應該建立將公司永遠放在自己之前的價值體系，當必須在小我之利與大我之利間作抉擇時，身為領導者的基本責任，就是義無反顧的把團隊的大我之利放在自己的私利之前。

　　作為領導者，總會面對很多利益的抉擇。這裡所謂的利益分為兩種：一種是領導者自己的切身利益，即私利；另外一種就是員工及公司的利益，即公利。一些領導者選擇了私利，於是就出現了今天眾多的貪汙醜聞事件，這既不利於公司的發展，也會阻礙和諧社會建設的進程。稻盛和夫說：「作為領導者應該建立將公司永遠放在自己之前的價值體系，當必須在小我之利與大我之利間作抉擇時，身為領導者的基本責任，就是義無反顧的把團隊的大我之利放在自己的私利之前。」所以他主張，企業的領導者一定要站在無私的立場上，具有「大愛」的精神。

　　一個企業的領導者，要是選擇以自我利益為中心，那麼他必定會因為貪婪而被眾人所憎惡。相反，無私的領導者必定會得到敬重，身後也會有人自願跟隨。如果一個企業領導者只看到了眼前利益或者只考慮自己的私人利益，那麼他的企業註定無法發展長遠。稻盛和夫所理解的企業經營的本質目的是：不論願意與否都要盡自己的全力，讓全體員工獲得幸福。他的思想秉持著企業領導者必須具有拋開經營者私欲的大義理念。

　　這是稻盛和夫在其領導方略中「大愛」的展現。為了事業的成

功，為了讓員工能在企業中得到更多的生活保障，稻盛和夫利用他絕大部分的時間拚命的工作。以至於有人這樣對稻盛和夫說：「你每天都工作到這麼晚，甚至假日也是如此。我真為你的太太和小孩感到難過，因為你根本抽不出時間陪他們。」

其實，稻盛和夫自己也承認，為了「大愛」他失去了很多來自家庭的天倫之樂。他的孩子就常常因為父親的晚歸而抱怨，鄰居小朋友的父親總是能按時下班回家，然後和孩子玩耍，但自己的爸爸卻要工作到深夜。對於孩子的怨言，稻盛和夫很內疚，但是，他深知作為企業的領導者，他不能同一般的員工一樣，準時回家，與家人共用天倫之樂，他必須犧牲家庭生活才能給包括家人在內的更多人創造幸福。稻盛和夫認為，企業經營者就是企業這個大家庭的一家之主，他們要努力工作，讓「家人們」生活無憂。

這是一種勇氣，是一種犧牲小我的勇氣。稻盛和夫認為領導者必備的這種勇氣與力量是取得成功的必要條件之一。一旦領導者只希望自己一個人獲得利益，那麼，在其率領之下的員工也會為了一己之私而明爭暗鬥，企業早晚會因此分崩離析。

利他的「德行」是解決困難、走向成功的強大動力，這一點稻盛和夫在投資電氣電信事業時就很有體會。

現在，幾個企業競爭是很正常的，但是，一九八〇年代中期以前，公營企業電電公司卻將電信領域完全壟斷了。

後來，政府考慮引進「健全的競爭原理」，使自由化工作逐步展開，降低和外國相比較高的電信費用。於是，電電公司向民營企業逐步轉變，改名為 NTT 公司，同時，其他公司也可以角逐到電

氣電信事業中。或許是由於害怕和至今為止一手遮天壟斷電信事業的大挑戰，因此沒有新的企業加入進來。

這樣改制只是徒有虛名罷了，不能引起充分的競爭，電信費用也沒有得到降低，國民沒有享受到任何實惠。稻盛和夫認為京瓷公司是一家具有風險特質的企業，這樣的企業正適合迎接 NTT 的挑戰。京瓷跟 NTT 公司較量，無異於是螳臂擋車，而且京瓷是陶瓷生產企業，從來也沒有接觸過電信行業。降低收費對國民來說最終可能是一場空，但是，稻盛和夫覺得自己應該來做這個理想主義的唐吉訶德了。

但是，他沒有立即報名申請，因為這個時候他首先要嚴格自問參與這項事業的動機有沒有混雜了私心。每晚就寢之前，他必定先對參加意圖審視一番：「你加入電氣電信事業的意圖是真心要使國民享受到實惠的話費價格嗎？有沒有摻雜了為公司或個人謀利益的私心？或者，是不是只是為了受到社會的注意而故意出風頭呢？動機是不是純粹的、沒有一絲汙點的？」稻盛和夫這樣反覆自問自答。也就是說，他一次又一次的捫心自問：「動機是怎麼樣的，私心又是怎麼想的？」拷問自己動機的真偽。

半年後，稻盛和夫終於相信自己沒有任何雜念，於是，他決定成立了 DDI 公司。當時還有另外兩家公司想要參與進來。三家公司中以京瓷公司為基礎的 DDI 公司所面臨的處境最為不利。原因很簡單，因為京瓷不但缺乏電信事業的經驗和技術，而且電纜和天線等基礎設施也一概沒有，一切都要從頭開始，銷售代理店網路的建立也必須從頭開始。

第 6 章　敬天愛人，與人為善—「利他」經營

京瓷公司「單槍匹馬」加入電信業設立「第二電電」，向行業龍頭的 NTT 發起挑戰時，稻盛和夫做起了唐吉訶德，他手持著長矛衝向巨型風車，像是個瘋子。社會輿論一致認為京瓷參與到電信領域中來，必然會全盤皆輸。

當時，對電信領域，稻盛也確實是完全不熟悉。他回憶說：「在電信領域，我沒有任何這方面的知識和技術，一無所有。倘若我在這個領域內揮動令旗，最終卻取得成功，就能證明哲學的威力……反過來講，倘若我失敗了，就是說明僅靠哲學是不能將企業經營好的。」經過半年時間的考慮，稻盛作出了決定。

當董事們舉手通過投身於電信事業的決議以後，稻盛和夫走到會議桌前面，突然跪下磕頭著地：「拜託大家了！」很多人都大吃一驚。稻盛和夫知道人心的重要性，他清楚大家表面上看上去是同意了，可是內心仍有疙瘩，並不由衷贊成。

而這麼大的事業，假如沒有團結一心，註定是要失敗的。開拓新事業的過程中一定會出現許多荊棘和坎坷，出現很多難以對付的問題，那個時候就會有人說風涼話：我一開始就不同意你的做法！

上司在下屬面前居然做出這樣的舉動，所有在場的人在詫異之餘，更多的是感動：稻盛和夫沒有私心，為了實現自己的高尚目標，他居然跪下來懇求大家，這個人真的有些可憐了……我們如果不全力輔助他，還有其他選擇嗎？

當時，稻盛和夫被日本商界讚譽為「日本經營四聖之一」，其實本不必向自己的下屬下跪的，他之所以做出這樣的舉動，其實是想喚醒大家的熱情，據說，日本的很多赫赫有名的企業家在拜訪稻

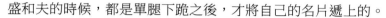

盛和夫的時候，都是單腿下跪之後，才將自己的名片遞上的。

　　領導者應該是一個能奉獻自己的人，在無私的奉獻自己的過程中會有回應者積極的來附和他。領導者只有和追隨者一起努力，才能取得事業上的輝煌。同時領導者還應該是一個嚴格要求部下的人，在對部下嚴厲的責備中，冷酷的表情下其實是一顆溫柔的心，只有這種「大愛」才能燒出良玉來。

5・自利則生，利他則久

【稻盛和夫箴言】

　　人心可以大致分為兩種，即利己之心和利他之心。所謂利己之心，是指一切為了自身利益；所謂利他之心，是指為了幫助別人可以犧牲自己的利益。

　　「自利則生，利他則久」，這句話概括性的總結出稻盛和夫的經營理念。無論是在個人成長還是企業發展過程中，他都會牢記這句話，並把它作為企業持續發展的要素 —— 自利就是需要自身多做一些有意義有價值的事情，使自身立足於社會中；利他就是要從他人的角度出發，為他人提供幫助，使他人得到恩惠。在經營活動中，稻盛和夫一直積極實踐著利他經營的思想。

　　一九七九年，生產電子計算器的廠家三叉戟公司在經營困難的情況下，透過夏普公司的佐佐木正（後來夏普的副社長）的介紹，向京瓷伸出求援之手。經過深思熟慮，京瓷決定接納該公司作為集團成員。這是京瓷成立以來的第一次併購。不久，京瓷常務董事古

第 6 章　敬天愛人，與人為善──「利他」經營

橋隆之又介紹了塞巴尼特公司。這是一家生產車用對講機的公司，透過對美出口迅速發展起來。可是，由於美國政府突然變更了對講機的規格，該公司很快處於瀕臨倒閉的境地，希望京瓷公司給予援助。

　　京瓷公司當時對電子器材產品完全沒有生產和銷售經驗，稻盛對併購的事情最初也很猶豫。而且，要重整一個即將倒閉的公司也並非易事。既是自己不熟悉的行業，又要承擔財務負擔，同時還必須吸收兩千六百名員工，從短期來看沒有商業利益可圖。可是，該公司的社長希望稻盛能夠從根本上對生活即將無著落的兩千多名員工給予援助。一貫以利他之心作為判斷標準的稻盛最終答應了對方的請求。他把對方公司的社長和高級幹部邀請到京瓷公司來，一起召開酒會，大家邊喝酒邊交流，很快就如同一家人。看到非常熱鬧的場面，稻盛站起來說：「透過和大家親切交談，我堅信塞巴尼特有許多優秀的員工，他們一定能和我們共同奮鬥下去，有鑑於此，現在我們在這裡決定兩家公司『結婚』。」話音剛落，整個會場響起了熱烈的掌聲。

　　當併購進入實質性階段時，稻盛遇到了始料未及的困難。這家公司赤字非常嚴重，而且工會中的激進人士經常鬧事，甚至向京都市民散發誹謗京瓷的傳單。面對這種情況，許多京瓷的員工感到困惑。然而，稻盛自己卻非常堅定，因為他知道支援塞巴尼特公司重建完全屬於正當的利他行為。在稻盛哲學的指導下，這家公司的事業逐步走上正軌。稻盛併購塞巴尼特的動機是利他的，這一行為的效果卻對雙方都有利。實踐證明，併購的這家公司給稻盛也帶來很

大益處，它為京瓷公司多元化經營策略奠定了堅實的基礎，後來成為電信領域的中堅。

稻盛和夫在創辦第二電電的時候，不斷的向自己發問：「這個方案的動機是否善，有沒有私心？」經過反覆的思索，他確認自己參與電信事業的目的是打破公營企業壟斷的局面，降低廣大日本國民的電信費，其次就是給年輕人提供實現個人抱負的好機會。他向廣大員工宣傳這樣的動機，激起了他們的工作熱情，得到了廣大用戶由衷的支援。稻盛和夫創辦第二電電的實例顯示：經營者如果以利他為根本目的，可能帶來己他兩利的好結果。相反，如果只有利己之心，企業的效益不一定能長久。

創立第二電電不久，稻盛和夫決定加入汽車電話市場的競爭。汽車電話原來由 NTT 壟斷，直到一九八六年八月才開放業務，部分引入競爭機制。當時有第二電電和日本高速通訊兩家公司表示要加入競爭的行列。日本的汽車電話市場正處於高速發展時期。東京地區的競爭尤為激烈。但是，負責監督市場的郵政省卻認為自由競爭的時機尚未成熟，於是決定將市場區域劃分給艦、第二電電和日本高速通訊三家公司。結果，日本高速通訊公司爭取到了東京和名古屋地區，而第二電電的業務範圍被限制在關西地區。

第二電電的董事和多數高級管理幹部對這個結果非常不滿。稻盛和夫對大家解釋說：「雙方都想在最易於經營的東京和名古屋展開事業，如果一方不讓出這兩個地區的話，也許這項移動通訊事業就不會在日本順利進行下去，面對這種情況，為了達成一致，我們不得不後退一步。有兩句諺語說得好，『有失才有得』、『有輸

才有贏』。雖然對我們非常不利的條件達成了協定，但是值得慶幸的是，移動通訊事業終於可以進行了。為了這項事業的成功，我們應該竭盡全力。」把容易經營的地區讓給競爭對手，這樣的舉動顯然不是一般意義上的妥協。稻盛和夫是從全日本通訊事業的大局出發，才做出這樣的選擇。這也是利他經營思想在實踐中的展現。

「自利則生，利他則久」，這句醒目的警示語就貼在稻盛和夫的辦公室內，稻盛和夫想要提醒自己的是，要時刻為他人謀求幸福。「自利則生，利他則久」是需要企業經營管理者必須重視的問題，這個問題執行的好壞將直接影響到企業的未來，同時這也是成功企業必須要掌握的經營哲學。

6 ·「敬天愛人」的哲學理念

【稻盛和夫箴言】

我們長期從事製造業，多次感覺到「偉大之物」實實在在的存在著。可以說我們就是接觸著它的睿智並受其引導，才得以開發出各種新產品，度過了自己的前半生的。

但凡在歷史長河中取得輝煌成就的人，往往都具有一顆無私之心。建立在「心」的根基上來展開任何事業都能取得成功。而那些抱有自私之「心」的經營者往往都是失敗的例證。所以，在開創京瓷公司後，稻盛和夫就建立了以心為根基的經營哲學，也就是「敬天愛人」的理念。「敬天愛人」是京瓷的社訓，也是稻盛和夫經營哲學的核心概念。

所謂「敬天」就是指做任何事情都要遵循事物的本性，即按照客觀規律辦事。這裡的「天」其實是指客觀規律。稻盛和夫一直堅持用正確的方式來做正確的事。

所謂「愛人」，就是「利他」。在稻盛和夫的經營哲學中，最重要的一條就是「利他經營」。這裡的「他」是指包括社會、客戶、員工等在內的一切利益相關者。

稻盛和夫認為，企業是很多人的群體，所以企業需要制定一個活動的標準。在京瓷，「敬天愛人」就是員工的活動標準。稻盛和夫希望他和他的員工們能在工作的時候為更多的人作出貢獻。

要想為更多的人作出貢獻，就要秉承「愛人」的思想。要有善心善念，並將其實踐於生活中。這樣，在生活和事業上就會獲得成功的轉機。

稻盛和夫認為，愛心、真誠以及平等善待一切的理念始終貫穿於整個宇宙當中，使整個宇宙朝著更美好的方向發展。他說：「我們長期從事製造業，多次感覺到『偉大之物』實實在在的存在著。可以說我們就是接觸著它的睿智並受其引導，才得以開發出各種新產品，度過了自己的前半生的。」

稻盛和夫最初只不過是一個小電瓷公司的研究員，在沒有精密的設備下從事著反覆的實驗活動，卻取得了與跨國公司奇異相媲美的成果。很多人都認為，稻盛和夫不過是一時的幸運，可是為什麼幸運會一直追隨著他呢？他成立了京瓷公司，並使其不斷壯大，最後，他竟然打造了兩家世界五百強企業。就是因為他發現了「向善」的力量，並在這種力量的指引下採取行動。

第 6 章　敬天愛人，與人為善—「利他」經營

　　這就是一種頓悟，善思善行本身就是符合向善的宇宙的意志，由此帶來的結果必然是好的。每個人要相關懷他人的慈愛之心，這樣的話，命運肯定會隨之轉變。稻盛和夫說：「身為領導者，必須摒棄利己之心，具有自我犧牲之勇氣。一個人如果懷有利己之心，便不能作出正確的判斷。先進的各界領導人，必須擺脫利己思想的束縛，心中有基於天理大義的座標，領導著集團前進，這正是構成集團乃至國家發展的基礎。」

　　稻盛先生在接掌日航的時候，奉行的哲學就是員工至上。山口先生曾經與稻盛先生見過一面，他描述兩人在初次見面的情形中，有一句話非常令人感動：「稻盛先生說，為了日航，為了日航的員工，讓我們一起努力吧！」這種溫暖和感動，是最能鼓舞人心的，相信日航員工聽到這句話，一定是熱淚盈眶的。人之初，性本善，人心都是肉長的，都是存在感恩之心的。

　　如果員工受到公司的重視，他們就會拚命的為公司工作，他們為自己的幸福，也一定會這麼做的，他們就自然會全心全意的對待客戶。另外，假如員工努力的為公司工作的話，企業效益就一定會得到提高，公司的經營者們就一定會很高興。因此，先讓員工有一種幸福感，這樣才使員工、客戶和股東都能夠滿意，一個多方面的雙贏局面就這樣形成了。

　　經營者和員工之間、員工與員工之間，能夠走到一起就是種緣分，公司給員工提供一個能充分發揮自己能力的平台，確保他們生活有保障；員工就會將公司當成自己的家，兄弟姐妹們團結一心，就一定能將公司的產品製造好、銷售好，全心全意的為客戶服務；

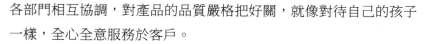

各部門相互協調,對產品的品質嚴格把好關,就像對待自己的孩子一樣,全心全意服務於客戶。

在企業內部,經營者應該營造一種相互信任,互相關愛的氛圍,公司的每個成員之間心存感恩,以平等關愛的態度對待公司的每一個人,既要滿足全體員工物質上的需求,又要給予他們精神上的關懷和感動。讓員工能充分感受到自己工作在一個幸福和諧的工作環境下,讓他們確實感受到實惠和快樂。如此,大家都團結一心,公司便會獲得更好更快的發展,達到公司服務於員工,員工向公司感恩的局面。

稻盛先生一生都在實踐著他「敬天愛人」的哲學。作為京瓷的社訓,「敬天愛人」更是稻盛先生經營哲學的根本。敬畏上天、關愛眾人。其實「敬天愛人」就是遵循自然的規律,尊重人的本性;遵循天道,與人為善,常懷利他主義思想。

在一些古籍中經常提及順應天道,順應天道就是講究因果循環,天人合一,而儒家經常提到仁愛思想,這些都是和敬天愛人有異曲同工之妙。日本的盛和塾是宣揚以道德教化人、敬天愛人的道場。自古以來,我們都在講憑良心辦事,心懷感恩之心。我們愛護環境,保護地球,環境自然就會逐漸的得到改善;我們對別人尊重,大家彼此坦誠相待,社會就會更加和諧,人類的發展才會有進步。

稻盛和夫之所以在一生的經營之中從未出現過虧損,究其原因,那就是稻盛先生及其員工腳踏實地的工作。日本在一九七〇年代末期到一九八〇年代初期,這十年是泡沫經濟時代,很多投機者

一夜之間成了暴發戶，可是稻盛先生依然堅持自己的原則，腳踏實地的工作，不靠投機發財。

最終，那些暴發戶一個個都債台高築，而他的企業卻沒有出現任何虧損。這就是稻盛先生堅持「敬天」的哲學主張，不投機取巧，工作上腳踏實地，打下了堅實的基礎，才能獲得長久的成功。

稻盛先生的思想還有一部分就是「愛人」，就是重視員工。稻盛和夫在創業初期，企業員工的想法令他懂得了員工的重要性，只有重視自己的員工，企業才能在經營中取得成功。

稻盛先生說：「經營企業，一個人單打獨鬥，是絕對不可能在事業上取得成的，因此公司經營的目的，首先應該是使員工獲得幸福。我很早就持有這樣的觀點，這也是一個企業在經營中最大的目的，無論是京瓷還是 KDDI，我辦企業的一貫宗旨就是珍視自己的員工。」

另外，稻盛哲學中還有一點就是利他之心。所謂利他在利益面前，不能只想著自己，要拋棄「只要對自己有利就行」的錯誤觀念和「只要對公司有利就行」的行為準則。恰恰是沒有自私自利之心，反而使公司獲得更大的收益和好處。最重要的時候，得到了員工的尊敬，也得到了客戶的信任，最終也就會得到社會的認可和鼓勵。換言之，以利他之心，換取人心所向，只要人心所向，那麼就所向披靡了。

稻盛和夫的這種「敬天愛人」的理念，是使他的公司在幾十年的經營中未曾出現赤字，事業上開疆拓土並取得飛速發展的經營寶典。唯敬天愛人始能天人合一。做好事、為他人，不僅值得其他經

營者學習，更值得我們所有人學習。

7 · 互利共生是企業生存的基礎

【稻盛和夫箴言】

要和諧共存，每個人都應該收起貪婪的心。

企業的發展有三個基本矛盾，即企業與社會的矛盾、企業與客戶的矛盾和企業與員工的矛盾。企業與社會的矛盾就是企業發展與環境保護之間的矛盾，即企業不能一味的向大自然索取，也不能過分的破壞它原有的平衡。

稻盛和夫的經營思考中包含著對這一矛盾的思考。一九九〇年代的時候，他針對日本社會和全人類面臨的環境危機，提出了「共生循環」思想。其基本含義就是，在保持人類社會、地球、自然界生態平衡的基礎上，使人類與自然界形成良性循環，和諧發展。

稻盛和夫認為，「共生循環」的規律在三個層面發揮著作用：第一，人與自己賴以生存的自然環境（包括動植物）構成自然共生循環系統；第二，經營者與股東、原材料供應商、客戶、消費者構成社會共生循環系統；第三，發展程度、自然條件和不相同的國家構成國際社會的共生循環系統。

人類依靠大自然的恩賜生存並進行生產活動，但是不能一味的向大自然索取。一味的向大自然索取必然會破壞自然共生循環系統。在自然界中萬物間的共生就好像在一個完整的「食物鏈」上。一旦食物鏈中的某一環節出現問題，或是動物的滅絕，抑或是環境

遭到破壞，都將破壞整個食物鏈的平衡。人類很多悲劇的產生往往都是這種共生循環的現象遭到破壞的結果。

　　京都大學名譽退休教授伊谷純一郎博士曾對一些原始部落以及猩猩的生活習性進行過長時間的觀察。有一次，他發現這個部落的人以團體的方式進行狩獵，為了大家都能分到足夠分量的食物，所以一般會獵殺野鹿和斑馬等大體格動物作為食物。他們在狩獵過程中都會嚴格遵守一個規則：只要獵到一隻動物，整個團隊就不再繼續找尋獵物，回到村落後就開始分配獵物。

　　在分配獵物時，他們也會遵循一定的規則：捕到獵物的人是有功者，所以一般會獲得最大、最好的一塊肉。這個功臣並不會獨占這個成果，他會把自己所得的一部分分送給自己的近親和朋友，然後這些親人又會如法炮製，把自己的所得分給身邊的人。這樣，每人都有份，所得大小完全依照與捕獲獵物者的關係而定。

　　伊谷博士曾問過部落的一個年輕人：「為何不繼續狩獵，直到抓住屬於自己的鹿呢？」年輕人答道：「為什麼要這麼做？我所得的雖然只是一小塊，但是我們大家都得到足夠的分量了。」

　　從他的回答中可以看出，對於這項叢林法則，部落的每一個人都很滿意。

　　另外，伊谷博士除了在這個部落中觀察到了這種生存現象外，在猩猩的生活習性上他也發現有同樣的現象。

　　因為是雜食類動物，在食用水果的同時，猩猩偶爾也會獵殺小動物。同部落村民一樣，猩猩在狩獵時也是一同行動的。在它們的狩獵行動中，如果一隻猩猩捕殺到了獵物，所有的猩猩都會高興的

跳躍著聚集到一起，並由捕到獵物的猩猩將獵物撕爛分與大家。猩猩的捕獵行動是視實際需求的情況而進行的，它們能夠刻意的維持著自然界中各種動物生生不息的局面。

稻盛和夫說：「要和諧共存，每個人都應該收起貪婪的心。」他認為，互利共生才是人類生存的唯一法則，部落所依循的「叢林法則」就是他們得以生存的基本法則。

在「共生循環」思想的指導下，京瓷公司非常重視環境保護產業。早在一九九〇年代初期，京瓷公司就開始注意全球的環境問題。他們視解決環境問題為己任。稻盛和夫專門組織員工制定《京瓷環保憲章》，並將其作為環保產業的行動指南。京瓷公司還成立了綠色委員會，專門負責規劃和推進環保工作。該委員會是公司內部跨部門的組織，設了很多分會。分會針對環境問題提出具體的措施和方案，上交給綠色委員會審議。根據審議結果，各分會再依據相關法律、法規，制定嚴格的環境管理標準，展開環境保護活動。比如：削減企業的廢棄物、保護大氣層、節省能源、防止溫室效應等。京瓷集團下屬各公司都接受綠色委員會的監督。

京瓷公司還積極開發環保產品，比如耐熱性、成型性等方面都具備優勢的靜謐陶瓷產品。這些產品被運用到各類環保工業設備中，既節約能源又減少有害物質的排放。這些都是京瓷公司與大自然和諧共存的經營理念為指導的生產活動。在這些理念的指導下，京瓷公司還開發了獨特的環保印表機、太陽能熱水器和太陽能發電系統以及數碼相機等環保產品。

稻盛和夫認為，「共生循環」的理念同樣存在於與其他企業間

的競爭中。他將這種競爭的關係稱為競爭中的共生與循環。他指出，企業為了生存，彼此競爭是有必要的。例如，在一個區域內，如果只有一家麵店，那麼這家麵店的生意肯定不會很好，也許沒開多久就會倒閉；但是如果這家店的周圍陸續開起來很多家麵店，顧客就會逐漸的會聚起來，結果就是每家店都會有好生意。這就是競爭中的共生。有些企業為了獨占生意，會全力阻撓其他的企業展開同類業務，但是他卻忽視了，在沒有服務和品質競爭的條件下，自己的收益是不會得到提高的。收益沒有提高，企業最終只能走向滅亡。

共生循環的理念是自然、人類、社會以及經濟平衡發展的基礎。同樣，共生循環理念也是一個企業得以恆久發展的根基。

8・企業要擔起自己的責任

【稻盛和夫箴言】

我不應該讓利益蒙蔽了我的眼睛，不可以完全屈服於「利」，做出為求利潤而不擇手段的事。我必須端正行為。所有利潤都應是血汗換來的，再把利潤投資在品質改良上以滿足客戶需求。

稻盛和夫說：「我不應該讓利益蒙蔽了我的眼睛，不可以完全屈服於『利』，做出為求利潤而不擇手段的事。我必須端正行為。所有利潤都應是血汗換來的，再把利潤投資在品質改良上以滿足客戶需求。」

稻盛和夫認為，一個企業的利潤來自於企業的責任。一個企業

之所以能有發展，是因為社會需要它。一個成熟的企業，只要能了解到自己在社會中應該承擔的責任，就能夠獲得利潤。

也就是說，只有社會需要企業的時候，企業因為服務社會才可能有生存的機會。企業只要把握好這個機會，用心服務，對社會負責，就能獲得利潤。如果社會不需要企業，那它沒有服務社會的機會，就不可能有生存的機會，更不可能會獲得利潤。如果企業的利潤不是服務於社會的工作所得，即使這個企業暫時獲得了很多利潤，它也是存在著巨大的危機，因為企業已經脫離了社會的需求，它被社會淘汰了。企業的失敗不是誰讓它失敗，而是因為企業沒有盡到責任，是企業自己造成的失敗。

諾貝爾經濟學獎獲得者弗裡德曼曾多次提出「利潤即責任」的觀點，他指出：「僅存在一種，而且是唯一的一種商業社會責任——只要他遵守職業規則，那麼他的社會責任就是利用其資源，並且從事那些旨在增加其利潤的活動。這也就是說，在沒有詭計與欺詐的情況下，從事公開的且自由的競爭。」

一個企業肩負著社會責任，要對社會負責。企業的利潤來自於社會，因此，企業的利潤也要服務於社會。

稻盛和夫從創業伊始至今，從沒忘記奉獻社會。在京瓷發展到第四年時，公司的發展已經很穩定。當稻盛和夫親自把年終獎金發到每個員工手上後，他說了這樣一番話：「由於大家的共同努力，企業有了效益，可以發年終獎金了。但是世上還有不少窮人，他們過年連年糕也沒辦法吃。所以，如果可以的話，大家從自己的獎金中拿出哪怕是一小部分，公司也拿出同樣金額的錢，用來幫助那些

窮人。員工們，你們說好不好？」

舉袂成幕，揮汗成雨。當人們都來作出一點貢獻時，滴水也能匯成海洋。在稻盛和夫的帶動下，深受感動的員工們都高興的把獎金的一部分貢獻了出來。從此，京瓷公司舉行歲末慈善活動猶如約定俗成一樣一直延續至今，甚至根植於京瓷的傳統當中。由此，京瓷「為人類社會的進步發展作出貢獻。」這個宗旨也就做到了貫徹。

出於「奉獻社會、奉獻人類的工作是一個人最崇高的行為」的個人信念，稻盛和夫於一九八五年設立了「京都賞獎」。他投入了兩百億日元成立了稻盛財團，對在尖端技術、基礎科學、商業構思等各個領域取得優異成績、作出傑出貢獻的人士進行表彰。因為這種宗旨，京都賞獎已經成為目前能與諾貝爾獎匹敵的國際獎，深受人們的好評。

另外，稻盛和夫在社會慈善事業方面也作出了很大的貢獻，也受到了極高評價。在二〇〇三年，他被卡內基協會授予了「安德魯‧卡內基博愛獎」，成為第一位獲此殊榮的日本人，成為與比爾蓋茲、喬治‧索羅斯齊名的世界級慈善家。稻盛和夫說：「財富取之於社會，應該奉獻於社會、奉獻於人類，因此我著手展開了許許多多的社會事業和慈善事業。」他認為，君子疏財亦有道，用錢本比賺錢難，所以用利他精神賺取的錢應該以利他的精神使用。他希望能用這種方式為社會作出貢獻。

企業社會責任可以分為兩個層次，一個是基本責任，即企業家要遵紀守法，對員工實現承諾，這是每個小企業都必須承擔的社會責任；另一個是崇高責任，企業家要對社會有一個不為名、不為利

的奉獻，這是一種思想境界的昇華。現在一些企業以及企業家們，在一些錯誤經濟理論指導下，以為自己是在真空中發展，連基本的社會責任都不承擔，自己一人賺錢，禍害了廣大百姓，更談不上承擔崇高的社會責任。一個好的企業在追求利潤的同時，還追求社會的尊重，追求自己崇高的社會責任。這樣才能得到社會的信任，培養與客戶的感情，加深客戶對企業的忠誠度，從而提升自己的持續競爭力，最終形成對社會、企業都有好處的良性循環發展模式。

在自由市場裡，利潤是社會給予有功者的嘉許。所以，一個企業想要獲得更大的利潤，首先就要承擔起自己的責任，無論是對社會，對客戶、還是對員工，只有將自己的責任擔負起來，利潤才能跟著企業跑。

第6章 敬天愛人，與人為善—「利他」經營

第 7 章

銷售最大化，成本最小化
── 高效益經營

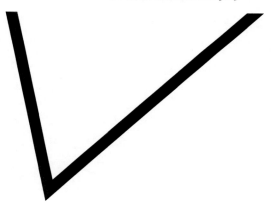

為做到「銷售最大化、經費最小化」，動動腦筋，千方百計，從中才會產生高效益。

── 稻盛和夫

1 · 削減成本是制勝的法寶

【稻盛和夫箴言】

在蕭條中利用降低成本等辦法保持獲利的企業，在經過蕭條的考驗後，銷售額將能增加三成、五成，甚至一倍，利潤也會大幅攀升，企業就會成為高收益企業。

如何才能降低成本呢？大多數企業都會選擇降低員工的薪資待遇或者直接裁員以減輕企業的資金壓力，降低企業成本。但稻盛和夫告訴經營者們，這樣的做法不可取，應該在設法提高每個人的工作效率的同時，對其他各種成本費用進行削減。

稻盛和夫常常自問：「現在的做法真的沒問題嗎？還有沒有進一步削減費用的辦法呢？」他對各個方面進行研究，以找到改善傳統效率低下的加工方法，並對不必要的組織結構進行重組或合併，達到澈底合理化。另外，稻盛和夫還會壓縮原材料、輔助材料和委託加工費等所有進貨的價格，在削減經費中達到壓縮成本的目的。稻盛和夫甚至建議「走廊裡的燈關掉，廁所裡的燈也關掉。」從多方面入手，與員工共同努力從各個方面來削減經費。

稻盛和夫常說：「拋開常識，以求想法的轉換吧！」他是在告訴企業經營者們，要重新審視自己一貫的做法和方法。同時他也要求作為企業的領導階層，應該帶頭把這些合理化計畫澈底的付諸到改革中去，並且向全體員工宣傳削減經費之所以重要的原因，這樣的重申會給員工帶來危機感，在理解這些做法的同時，公司上下才能一起克服蕭條。

也許我們會認為削減成本的做法是企業在蕭條的經濟環境中求得生存的無奈之舉，其實不然。稻盛和夫認為，蕭條時期是企業降低成本的好機會。因為在經濟景氣時客戶的訂單多，大家都在忙於生產，很難實現降低成本的目的。但是在蕭條期沒有退路，為了將企業經營下去而鼓勵大家一起努力減少費用，就會更容易實現。

稻盛和夫強調，在蕭條中利用降低成本等辦法保持獲利的企業，在經過蕭條的考驗後，銷售額將能增加三成、五成，甚至一倍，利潤也會大幅攀升，企業就會成為高收益企業。也因此，稻盛和夫認為蕭條時期是企業實現再次飛躍的助跑期，企業經營者必須將蕭條當作機會緊緊抓住。

許多人認為技術是核心競爭力，但有技術的企業不一定能成功。核心競爭力的關鍵在於企業在行業內的生產力水準是否具有比較競爭優勢。所以，核心競爭力可以理解為比較競爭優勢。

事實上，最先發動價格戰的總是那些具有成本領先優勢的企業。在當前企業普遍缺乏核心技術，創新能力不夠，產品同質化程度較高，價格競爭成為最普遍的手段的情況下，成本領先策略在贏得競爭優勢方面效果是明顯的。

降低成本是企業管理者的著重的大事。低成本和高效益之間並非是矛盾的，優秀的企業管理者總是能夠憑藉低成本獲得高效益。

參觀豐田工廠的人可以看到，它和其他工廠一樣，機器一行一行的排列著。但有的在運轉，有的沒有啟動。於是，有的參觀者疑惑不解：「豐田公司讓機器這樣停著也賺錢？」

沒錯，機器停著也能賺錢！這是由於豐田公司創造了這樣的工

作方法：必須做的工作要在必要的時間去做，以避免生產過量的浪費，避免庫存的浪費。

原來，不當的生產方式會造成各種各樣的浪費，而浪費又是涉及提高效能增加利潤的大事。

豐田公司對浪費做了嚴格區分，將浪費現象分為以下七種：

1. 生產過量的浪費。

2. 冗員多工時造成的浪費。

3. 搬運上的浪費。

4. 加工本身的浪費。

5. 庫存的浪費。

6. 操作上的浪費。

7. 製成次級品的浪費。

豐田公司又是怎樣避免和杜絕庫存浪費的呢？許多企業的管理人員都認為，庫存比以前減少一半左右就無法再減了，但豐田公司就是要將庫存率降為零。為了達這一目的，豐田公司採用了一種「防範體系」。

就以作業的再分配來說，幾個人為一組工作，一定會存在有人等工作輪到他做之類的浪費上班時間的現象存在。所以，有人就認為，對作業進行再分配，減少人員以杜絕浪費並不難。

但實際情況並非完全如此，多數浪費是隱藏著的，尤其是豐田人稱之為「最兇惡的敵人」，生產過量的浪費。豐田人意識到，在推進提高效率縮短工時以及降低庫存的活動中，關鍵在於設法消滅這種過量生產的浪費。

為了消除這種浪費，豐田公司採取了很多措施。以自動化設備為例，為了使各道工序經常保持標準手頭存活量，各道工序在聯動狀態下稼動設備。這種體系就叫做「防範體系」。在必要的時刻，一件一件的生產所需要的東西，就可以避免生產過量的浪費。

在豐田生產方式中，不使用「運轉率」一詞，全部使用「稼動率」，而「稼動率」和「可動率」又是嚴格區分的。所謂稼動率就是，在一天的規定作業時間內（假設為八小時），有幾小時使用機器製造產品的比率。假設有台機器只使用四小時，那麼這台機器的稼動率就是百分之五十。稼動率這個名詞是表示為了工作而轉動的意思，倘若機器單是處於轉動狀態即空轉，即使整天稼動，稼動率也是零。

「可動率」是指在想要稼動機器和設備時，機器能按時正常轉動的比率。最理想的可動率是保持在百分之百。為此，必須按期進行保養維修，事先排除故障。

由於汽車的產量因每月銷售情況不同而有所變動，稼動率當然也會隨之而發生變化。如果銷售情況不佳，稼動率就下降；反之，如果訂貨很多就要長時間加班，有時稼動率為百分之百，有時甚至會達百分之一百二十或百分之一百三十。豐田完全按照訂貨來調配機器的「稼動率」，將過量生產的浪費情況減少到最低，就出現了即使機器不轉動也能賺錢的局面。防範體系使豐田實現了零庫存管理，豐田的產品成本降到了最低。

控制成本是企業管理者素養之一，獲利能力也是素養之一。企業管理者一定要時刻繃緊成本這根弦，想方設法「既要花得少，又

要贏得多」。

2・定價就是經營

【稻盛和夫箴言】

京瓷的產品和服務必須定出一個合理的價格，這個合理的價格就是京瓷長盛不衰的關鍵原因，所以我們千萬不能輕視定價，每一次定價都應該努力去分析，找出那個合理的價位。

定價就是經營，定價是主管應該履行的一項職責，定的價格應該既要被顧客所接受，又能使企業獲利。

決定出價格以後，究竟能賣出多少產品，能夠獲利多少，是難以預測的。定價如果太高，產品無法賣出，定價倘若太低，雖然暢銷但也沒有贏得利潤，總之定價如果不合適，企業就必然會遭受很大損失。

因此，首先要對產品價值有一個正確的判斷，爭取尋求利潤的最大化，據此來定價，稻盛和夫認為這一點應該是顧客能夠接受的最高價格。而作為經營者，必須要看透這一定價點。

但是即使該價格賣出了，也未必就顯示經營一定順當。儘管以顧客樂意的最高價格出售了產品，但最終卻看不到利潤的情況也是屢見不鮮的。

問題在於，在已經設定的價格下，如何才能擠出利潤。以生產廠家作為例子，假如跑銷售的只是一味的以低價獲取訂單，那麼製造部門即使再辛苦也不能獲利，所以必須以盡可能將價格提高進行

推銷，但是確定了價格後，如果依然沒有獲利，那就屬於製造方面的責任了。

但是，大部分廠家都是以成本和利潤的相加來定價格，日本的大企業大多都是採用這種定價方式，但在激烈的市場競爭中，賣家無法掌握市場，成本加利潤所定出來的價格，由於偏高而賣不出去，無可奈何之下而降價，預想的利潤就沒有了，非常容易陷入虧損狀態。

因此，稻盛和夫給技術研發人員這樣定位，你們也許認為技術員的本員工作就只是研究新產品、開發新技術，但稻盛和夫認為這是遠遠不夠的，只有在開發的同時，認真考慮如何才能使成本降到最低才有可能成為一個稱職優秀的技術員。定價必須要深思熟慮的斟酌和權衡，努力使利潤最大化。

下面我們就來看看在阿米巴經營模式下，京瓷是如何為自己的產品和服務進行定價的。

（1）每一個阿米巴都是一個小的利潤中心

在阿米巴的經營模式下都是以工序間的產品流動作為製造成本來結算價格的。而在事業部的制度組織之中，各個阿米巴之間也可以以市場價格為基準進行交易，但是阿米巴內部的工序之間的產品交付就必須以製造成本為基準 —— 無論何種情況下，阿米巴的定價基礎都是在前一道工序的成本上簡單的加上自己的工序所消耗的成本。簡單的說，就是各個工序只承擔成本責任。

在京瓷集團中，就算最基層阿米巴之間的工序交流也不是基於成本價的單純交付，而是按照雙方協定的價格進行相關的交易。在

阿米巴經營模式下，每一個阿米巴都是一個小的利潤中心，他們都需要透過和其他的阿米巴進行交易來獲取利潤。換句話說，也就是每一個阿米巴都承擔著工作時間核算的責任。

（2）定價一般由阿米巴的領導人自己來決定

在京瓷集團中，如何定價一般都是由阿米巴的領導人根據本人的意願自行決定的，這也是京瓷集團的定價原則。可以說，在京瓷集團中，阿米巴領導人的意願是定價的關鍵因素。甚至可以說，阿米巴領導人肩負著決定阿米巴生死存亡的使命，因此阿米巴領導人在進行價格交易的時候，必須有自己的想法。

稻盛和夫常說：「定價才是阿米巴的經營之本。」在現代企業中，定價的方式有很多種，比如說我們最常見的有薄利多銷和厚利少銷。稻盛和夫認為：阿米巴領導人在為產品或服務定價的時候，看清客戶能夠爽快接受的最高價格才是定價的關鍵。對於企業而言，因為業績在很大程度上是由定價決定的，因此對於阿米巴領導人來說，定價是一項責任重大的事情。

在阿米巴經營中，定價並不僅僅限於同外部客戶進行交涉，在阿米巴與阿米巴之間的交易中也同樣適用。

（3）定價展現阿米巴領導人的經營頭腦

憑藉著商人的頭腦和其他的阿米巴進行交易是阿米巴領導人所必須具備的素養。

假如一個基層的阿米巴接到了一個一千件訂單的半成品 A 業務，而按照以往的二十日元的單件價格去接受這個訂單就會產生虧

損的話，那麼在這種情況下，領導人就必須考慮該如何處理這個訂單了。事實上，解決這個問題的方法有很多種。比如說這個阿米巴能夠同時以三十日元的單價拿到五百件半成品 B 的訂單業務，那麼其在採購半成品 A 和半成品 B 的通用原材料上就能夠省出一筆錢來，綜合下來成本就降低了，這樣一來還能夠保證阿米巴的獲利。該阿米巴的領導人如果能夠和基層阿米巴的其他領導人再進行合作，那麼這筆交易就能夠獲得更大的利潤。所以說，很多即使剛開始覺得不獲利的訂單，只要阿米巴的領導人能夠發揮自己的智慧，那麼照樣可以獲利。

在阿米巴經營模式下的定價也能夠讓阿米巴領導人掌握一種重要的能力 —— 正確把握良品率。這也是阿米巴領導人必須具備的一項重要能力，因為良品率的計算關係到基層阿米巴從上游阿米巴採購材料的數量。假如說，一個基層阿米巴的領導人認定自己的產品良品率為百分之九十八，那麼這個阿米巴每生產一百個合格的產品就需要購買一百零二個產品所需要的材料，但是其實際的良品率只有百分之九十，那麼就必須追加原材料的採購數量，這也從側面反映出阿米巴的領導人沒有準確的把握好良品率。反之，如果該阿米巴的實際良品率是百分之百，那麼其每生產一百個產品就會有兩個產品的原材料被擱置，這兩個產品的原材料就占用了阿米巴的流動資金，所以這也是一種資金利用率低下的表現。

當然，在阿米巴經營中，阿米巴與阿米巴之間的交易並不是只用冰冷的數字去衡量的，事實上還有很多的感情色彩。在上述的例子中，假如最後多出來的那兩個產品的原材料被其他的阿米巴採購

了，那麼就避免了浪費。這種合作能夠加深阿米巴之間的交往，使得他們在以後的合作中更深入、更廣泛。

　　總而言之，發揮自己的商業頭腦是阿米巴領導人在定價過程中必須掌握的一項能力 —— 只要能夠找到獲利的方法，就能夠讓阿米巴的業績表現得更好。

（4）定價必須符合交易雙方的意願

　　在京瓷集團中，阿米巴之間的交易也經常出現談不妥的情況。一般來說，在遇到這種情況的時候，由上級阿米巴的領導人出來進行調節。比如說，系級的阿米巴發生矛盾糾紛，這個時候就會由科級的阿米巴領導人出來調解糾紛。

　　通常來說，上級阿米巴在進行調解的時候，也要考慮產生矛盾糾紛的兩個阿米巴領導人之間的意願，不能夠以自己的主觀意願強加給交易的雙方。所以，一般上級阿米巴領導人出面進行調解的時候，都會反覆和交易雙方的阿米巴領導人進行溝通，直到雙方滿意為止。通常來說，上級阿米巴的領導人都熟知市場趨勢，並且能夠非常客觀的判斷出定價一方提出的意願是否合理，最後讓雙方意見取得一致。所以，稻盛和夫說：「當兩個阿米巴的領導人因為價格而爭吵不休的時候，上級領導人千萬不能因為自己是上級就不顧交易雙方的感受自己去定價，這是嚴重違背阿米巴交易原則的做法。如果上級阿米巴領導人把自己制定的價格強加給下級阿米巴，那麼下級阿米巴領導人到時候就會說『就是因為上級領導人制定的價格不好而導致我們的業績不好』。所以，上級阿米巴的領導人在調解價格糾紛的時候，必須認真分析交易雙方的主張是否合理，為什

麼合理？應該時刻抱著我沒有定價權只有監督權的態度，畢竟定價
關係到阿米巴的生死，作為上級阿米巴的領導人是絕對不能夠亂定
價的！」

（5）引導雙方達成一致

在京瓷集團中，糾紛經常發生在製造部門和銷售部門之
間——「沒有辦法啊，客戶只能夠接受這個價格了。」、「那我們
製造部門會賠死。」諸如此類的爭端在京瓷集團中一直屢見不鮮。

對於這類由定價問題引起的爭端，京瓷集團一直提倡上級阿米
巴領導人要進行有效的引導——引導雙方達成一致，從而解決定
價糾紛。

手塚博文在經營太陽能業務的時候曾經因為日元升值而導致赤
字。在事情發生之後，手塚博文立刻召集銷售部門和製造部門進行
會談。當時，日元升值引起的赤字已經讓銷售部門和生產部門產生
了嚴重的糾紛，銷售部門為了繼續吸引客戶希望維持原來的價格，
但是生產部門卻因為進口原材料價格的上漲而希望提高銷售價格。

在了解了這一糾紛的原因之後，手塚博文並沒有急著去做什
麼，而是直接去諮詢經常訂購的客戶，並且將提價的原因進行了闡
述。結果，客戶們也都理解京瓷的調價並不是自行調價，而是因為
原材料的價格上漲。事實上，早在日元升值之後，客戶們就已經做
好了京瓷價格上漲的心理準備，而現在生產部門提出的價格恰好在
他們接受的範圍之內。在從客戶那裡得到了價格資訊之後，手塚博
文便以生產部門提出的價格作為銷售價格，從而將銷售部門和生產
部門的定價糾紛澈底的解決掉了。可以說，手塚博文的這種有效的

引導，既可以讓交易雙方信服，又能夠明確各自的努力方向。

　　定價，這是任何一個企業都需要去做的一件事情，因為定價的高低關係到企業的利潤。換句話說，一家企業的商品或服務的定價成功與否，是決定企業能否實現獲利經營的關鍵因素。在阿米巴經營中，稻盛和夫一直都非常強調定價這一關鍵因素，他說：「京瓷的產品和服務必須定出一個合理的價格，這個合理的價格就是京瓷長盛不衰的關鍵原因，所以我們千萬不能輕視定價，每一次定價都應該努力去分析，找出那個合理的價位。」

3・光明正大的追求合理利潤

　　【稻盛和夫箴言】

　　作為企業，不追求利潤就無法生存下去。追求利潤既不是什麼可恥的事，也不會違背做人的基本道理。

　　一個企業從策劃到誕生再到謀求長遠發展，其初衷都是為了賺取利潤、累積財富。但是，所有的經營者都必須認識到，謀取暴利、一夜暴富絕不是企業發展的長久之道；沒有合理的經營途徑，導致企業虧空、出現赤字也不是企業的發展目的。只有追求合理的利潤才是每個企業發展壯大的正確道路。

　　京瓷公司創辦至今，歷經半個世紀之久，累積了豐富的經驗。稻盛和夫看待利潤也有自己的獨到之處。他認為，利潤在自由市場中，是社會給有功者的嘉許。為了企業的生存和員工的生活，企業經營者不得不追求利潤。自由市場的原則就是競爭，經營者追求利

潤並不可恥，但是經營者所獲得的利潤應是正當經營所應得的報酬。經營者為滿足顧客的需求，而生產出高價值的產品，但又要盡量設法降低價格，以減輕顧客的負擔。為此，經理人和員工都付出了努力，獲得利潤是一種特有的殊榮。

對企業而言，追求利潤是正常的經營行為，但是經營者不能被追求利潤的思想所左右，而應該讓利潤跟隨著自己的經營步伐。所有增加企業收入的途徑只能是不斷的努力，這樣利潤才會如細水長流源源不斷。企業不斷增加收入，同時盡量減少經營的支出，這是獲取利潤的正確有效方法。雖然這聽起來好像獲得利潤是一件很容易的事，但實際上方法往往展現著一個企業中經營者的管理思想及策略。企業會按照經營者的意志發展，企業的經營方式能反映出經營者的個性。一個企業經營者能用極大的意志力和創造力使收入最大化、支出最小化，就說明經營者具有強大而明確的「企圖心」。

在商業社會中，往往有很多企業者以身試法，在追逐利益的遊戲中截斷了自己的發展之路。稻盛和夫認為，經營者不應該讓利益蒙蔽了自己的雙眼，不可以完全屈服於「利」，以至於做出為求利潤而不擇手段的事情。經營事業必須端正行為，所有利潤都應是血汗換來的，然後再把利潤投入到品質改良上以滿足顧客的需求。不要妄想憑藉不法的手段一夜致富。在第一次石油危機中，有些經營者為了攫取暴利，就任由公司囤積貨品、提高價格。然而，在這些唯利是圖的企業家中，有多少人將經營延續到了今天？

稻盛和夫認為，企業的利潤來自正當經營的合理收益，但是其真正利潤是企業必須支付合理的支出後所剩的價值。比如納稅，企

業存在於一個國家的經濟發展體系之中，納稅是其應盡的責任。作為應盡的責任，一些經營者卻並沒有充分認知。某些獲利甚豐的企業，為了減少企業應繳的所得稅而刻意組織一些不必要的支出（比如組織一些奢侈的旅行）來降低企業收益從而減少納稅。一個企業將自己辛苦獲得的收入繳納出去，猶如割肉一般心疼，在心理上需要跨過一個門檻，而正是此時，顯示了企業家修為的差別。

稻盛和夫對此也深有體會，他覺得對管理者來說，納稅是無奈但卻必須要做的事情。企業每年所繳納的稅款，占企業辛苦得來的利潤的一半以上。即使有些利潤只是待收款，或是其他非現金的方式，經營者還是要以現金納稅。對此，稻盛和夫曾感慨的說：「賦稅可真是殘酷！」對企業經營者而言，這好比有人偷了他們的積蓄，於是也就成為許多經營者千方百計逃稅的原因。

雖然對納稅會產生一定的排斥，稻盛和夫還是告訴企業的管理者，應該用無私的眼光看待企業賺取的利潤。公司所得的利潤並不屬於管理階層，因為利潤獲之於社會，所以也應該以納稅的形式還之於社會。以隱瞞利潤的方式來達到逃稅目的的行為是相當自私的。

繳納完稅款後的利潤是企業真正應該獲得的利益，也是累積企業資產的有效組成部分。當累積了大量的資產，並提高了無固定利息股票的比例，企業就能發展壯大。雖說繳納稅款的數額會逐漸增多，但這說明企業的獲利能力是在不斷提高的。作為企業經營者，應該將稅款列入公司的必要支出項目。

把納稅當作是企業的必要支出，並幫助企業所在的社區獲得發

展，這是稻盛和夫對納稅終極目的與意義的認識。他認為經營者應該客觀的看待所得到的利潤。利潤只是比賽中的一個等級或分數，也是社會對經營者的貢獻所給予的認可和激勵。以這種心態看待利潤，經營者在面對利潤時就會比較客觀，占有欲也就不會那麼強。換句話說，只有稅後的淨利才是真正的利潤，才是經營者努力工作後的唯一應得。所以納稅是所有企業正常而必要的開銷。

即使企業利潤的一半以上都用來納稅了，但是如果我們把納稅看成了企業的必要支出專案時，看待繳稅的心境就會改變，畢竟繳稅後剩下的部分還是留在公司的。這是稻盛和夫教給每個經營者看待利潤的重要心得 —— 企業經營的真正精神就在於珍惜稅後的利潤。

稻盛和夫的這些經營思想和管理策略，形成了京瓷的一個重要理念：「作為企業，不追求利潤就無法生存下去。追求利潤既不是什麼可恥的事，也不會違背做人的基本道理。在自由經濟的市場上，透過競爭決定的價格就是正當的價格，以這個正當的價格堂堂正正的做生意所賺得的利潤，當然就是正當的利潤。在嚴峻殘酷的價格競爭中，只有為追求合理化、提高附加價值而付出不懈努力，才能贏得利潤。為順應顧客的要求腳踏實地的努力工作，光靠投機和不正當的手段，貪圖暴利，夢想一下子發大財，這樣的經營觀點儘管風行於世，但京瓷公司的經營之道；自始至終堅持光明正大的開創事業，追求正當利潤，多為社會做貢獻。」

這是稻盛和夫給企業經營者的忠告。要想獲得長遠的利潤並使企業得到更大的發展，就應當在企業發展的規劃中，光明正大的追

求利潤。而要使企業有長遠的發展並取得不斷壯大的前景，就要合理的看待利潤。

4‧經費最小化，利潤最大化

【稻盛和夫箴言】

利潤不需要強求，量入為出，利潤也就會不期然的隨之而來。

企業能否壯大是靠其獲利的多少來決定的。使收入達到最大化的同時做到支出最小化，這是一個企業成功的基本途徑。稻盛和夫就是把「追求銷售額最大化和經費最小化」作為自己的經營原則。雖然這是一條非常簡單的原則，但稻盛和夫堅信，只要忠實貫徹這一原則，京瓷就可以成為擁有高收益體質的優秀企業。

一個企業應該努力將自身打造成為「高收益」體質的企業。何為「高收益」？自然是一個企業銷售的利潤率越高，其收益就越高。稻盛和夫創辦京瓷公司的第一年，稅前的銷售利潤率約為百分之十。而在當時，對於一般的大型製造業企業而言，利潤率如此低，就只有被淘汰。因為在經營環境變化很大的情況下，利潤率低就意味著企業不穩定，也就難於應付很多實際狀況。在這種情況下，稻盛和夫開始認真思考，製造業應該達到多少利潤率才算合適、才能使企業具備高效益呢？

後來，基於對銀行利率的思考與分析，稻盛和夫意識到，企業賺取的利潤率至少應該達到銀行利率的一倍以上才能獲利。在自由經濟環境下，無論什麼行業，要想獲得高收益、實現較高的利潤

率，都要在銷售和生產方式上下苦功，都要透過拚命努力去提高利潤率。稻盛和夫認為，企業稅前利潤率至少達到百分之十才能稱得上經營，而利潤率至少要達到百分之十五至百分之二十，才能算是高收益。

人們基於常識的認知，常會產生這樣的理解，即隨著銷售量的增加，自然會帶動生產成本和經費的支出。但稻盛和夫覺得這種慣常思考模式是可以透過努力來打破的，只要動動腦筋，嘗試多種方法就會從中產生高效益。稻盛和夫舉了一個例子：假設一個企業目前的銷售額是一百萬日元，為此就需要有一定數量的人員及生產設備，但是如果銷售額增加到一百五十萬日元，那麼通常在現有的人員和設備基礎上，需要相應增加百分之五十的人力和物力。但是如果透過這樣的方法來進行經營，企業就不可能達到高收益的目的。那該怎麼辦呢？銷售額增加了百分之五十，一定會需要增加人力和物力，但是，如果下工夫提高生產效率，將人員和設備的增加控制在百分之二十至百分之三十之內，就等於提高了企業收益。當然，在銷售額、訂單量大幅下降時，也需要在費用成本上狠下工夫，那樣就能控制利潤的下降幅度，也是實現並維持企業高收益的途徑。

這種最小成本的經營原則，就是稻盛和夫總結經營獲利的一大要點。亦即，企業要獲利就一定要盡量縮減成本。稻盛和夫分析認為，要降低製造成本必須去除一切先入為主的概念和常識，仔細核算原料費用、勞工成本、管理費用等是否能控制在合適的百分比。我們一定要考察每一個細節，並盡量縮減不必要的開銷，用最省錢的方法來製造最優質產品，這樣才能達到符合市場要求的價格與品

質。這也就是人們常說的「省錢就是賺錢」。

　　當時的松風工業存在一個很奇怪的現象：雖然有時薪水不能按時發放，但加班費卻一定不會缺錢。於是，加班費就變成了員工的生活費，混加班費在松風工業蔚然成風。可是稻盛和夫卻不支持這種行為，他旗幟鮮明的表示了自己的反對意見。別的部門在空閒的時候，有的部門卻在公司無所事事的「加班」，而稻盛和夫所帶領的「特磁科」恰恰在松下發來大批訂單、任務繁忙的時候，卻向他們提出了「禁止加班」的要求。

　　稻盛和夫當時的想法很簡單：要想增強產品的競爭力，就應該學會控制成本；若想控制成本，就必須禁止混加班費的局面。只有當產品具有了一定的價格優勢之後銷量增加，公司事情也就會多起來，即使不想加班也不得不加班了，這樣的加班才有價值，在此之前必須對加班嚴格控制。

　　稻盛和夫的想法是很正確的，道理也非常的簡單，但說到「禁止加班」，部門下屬就大加反對，同時也遭到了工會的反對，工會主席甚至對稻盛和夫大加指責：「你是什麼東西？你又不是管理幹部，你憑什麼來指示？」稻盛和夫頂住壓力，心平氣和的說：「讓新產品贏得市場是最重要的，所以必須保持產品的成本優勢，絕不能亂付加班費。」

　　稻盛和夫的想法最終得到了大家的贊同，獲得了勝利。他之所以能取得勝利，還有另外一個非常重要的原因，那就是在對於加班費的問題上，稻盛和夫的談話非常具有說服力。他以身作則，雖然他幾乎天天都在加班，通宵達旦的進行實驗研究，但他卻從來沒有

領取過一分錢加班費。所以，某種程度上，大家是被稻盛和夫的人格魅力征服的。

每個企業都在不同程度上出現浪費這個痼疾，因此解決浪費是改善一個企業經營狀況的當務之急。浪費會使得企業的生產成本和經營成本都無法降低下來，長期看不到利潤，甚至還會出現負成長的情況。在當今時代，企業只有做到不浪費，才能在激烈的競爭環境中站穩腳跟。

稻盛和夫在經營京瓷公司時，在新技術開發與研究方面，總是激勵技術人員把關，這也是他降低成本的一個管道。在他看來，技術人員除了做好開發新技術的本員工作外，還應該在開發產品的同時認真考慮降低成本，這樣的技術員才是稱職的、優秀的。

控制生產中的成本是可以透過多個途徑來實現的，在稻盛和夫的經營策略中，就有一條「肌肉性質的經營」原則。所謂「肌肉性質的經營」就是指，必須拋掉企業裡所有的「贅肉」，讓企業的「血脈」四通八達，同時要讓企業不斷的處於活性化的狀態，從而以更加結實的「肉體」進行日常的經營活動。我們知道，人要想擁有健康的體魄，就一定需要血脈暢通、肌肉發達，不可以任由脂肪堆積，因為肥胖往往是身體產生毛病的根源。企業也是如此，多餘的「脂肪」和「贅肉」必須要清除，不能讓銷路不暢的庫存變成無效資產。稻盛和夫用他經營京瓷公司的經驗告訴經營者們，推行「即時即用」的採購原則是防止庫存積壓的好方法，即在需要的時候才購進所需要的材料，而且要遵循適量的原則。

一般情況下，企業為了省時省工，防止原材料市場的波動，

一次性購買在價格上的優惠，會集中的、大量的採購原材料，以達到降低生產成本的目的。然而，稻盛和夫並不主張這種做法，他告訴我們，這是認識上的一個誤區。首先，如果一次性購進大量的材料，會增加企業的管理成本；其次，還可能因為原材料過時而產生浪費；再次，就是不能讓員工更注意節約使用——往往員工看到有很多原材料的時候就不會珍惜，造成不必要的浪費。而「即時即用」的採購原則會使生產線上的員工們產生節約使用的心理，也省去了企業的管理麻煩。

稻盛和夫在經營京瓷近半個世紀以來，對固定資產的投資一直慎之又慎。他深知投機行為不可取，只有透過「流汗」的方式，才能為企業和社會創造價值。這種「即時即用」的購買原則，為他的企業帶來了很多的利益。

京瓷公司創辦之初，稻盛和夫總是在接到訂單後才購買相應的設備，而且他往往選擇一些較舊但符合生產標準的機器，其實這就是一種成本的節約，是值得很多經營者借鑑的經驗。不輕易購買設備的經營方式，自然會令員工們感到不解，稻盛和夫解釋說：「在捉到小偷之前就準備好繩子，繩子只能在倉庫裡存放著，是一種浪費，因此，捉住小偷之後再編繩子才最有效率。在沒接到訂單時就準備好生產設備，只能造成浪費，有了訂單再買設備才最有效率。」

稻盛和夫所用的這些方法也可以概括為「量入為出」的經營原則，即一種最小成本的經營策略。在經營的過程中，稻盛和夫總自問：「現在的方法真的好嗎？難道沒有更能削減經費的方法了嗎？」

在對這些問題的不斷思考中，就能找到進一步縮減成本的方法以及更有效的節約途徑。

稻盛和夫的這些經營策略都是在經營的過程中總結得來的。京瓷公司剛創建後不久。便開始與松下電器公司進行了合作，合作中的摩擦也是稻盛和夫成本意識得到強化的原因之一。

松下公司向來善於精打細算，每次給京瓷下訂單時，業務人員總是提出要求：「大量生產，效率提高了，該降價吧！」這種精於成本的管理和業務人員的成本意識深深的觸動了稻盛和夫，他認識到，只要有一家公司的原料價格比他們低哪怕一塊錢，就說明他們的努力不足，需要繼續加油。

稻盛和夫經營京瓷期間，公司的利潤率幾乎始終保持在兩位數，有時甚至高達百分之四十。「追求銷售額最大化和經費最小化」的經營原則，可以說是京瓷公司經營數十載始終保持高收益的重要原因之一，正是在此基礎上，京瓷公司獲得了豐厚的利潤回饋並維持了長期的高速發展。

5．蕭條期也可以獲利

【稻盛和夫箴言】

如果一個企業沒有實現百分之十的利潤率，就算不上真正的經營，但是正因為經歷了蕭條期的洗禮，才迫使經營者想方設法的壓縮成本，這在無意當中也就形成了高收益的企業體質。

蕭條時期，企業的競爭就顯得更加激烈，訂單數量和單價都會

急劇下降，這時如果仍然維持利潤，就不得不壓縮成本。一般人都認為這是不太可能的。

「現在的做法可行嗎，怎樣才能進一步削減費用呢？」對各個方面進行重新研究，對傳統的效率低下的加工方法進行澈底的改變，合併或者是摒棄不必要的組織，在每一個環節上都實現合理化，堅決壓縮成本。

蕭條時期競爭激烈主要表現為價格在不斷下降，按之前的成本做，肯定要虧本的，所以必須下決心將成本壓到最低。

景氣的時候訂單比較多，即便是要降低成本，也不太可能。因此，正好借蕭條期這樣一個機會降低成本。蕭條期費用如果再像過去一樣，企業就很難再經營下去了。既然無路可退，只好大家一起努力將費用降到最低。

蕭條時成本被壓縮的程度，也會對蕭條期以後企業的經營和成長的可能性造成直接影響。蕭條時同行業之間的競爭更加激烈，價格會瘋狂下降，在這種情況下如果仍然要實現獲利，這樣的成本和企業體質，在蕭條期結束後，銷售額出現回暖時，利潤就非常可觀。

稻盛和夫總強調如果一個企業沒有實現百分之十的利潤率，就算不上真正的經營，但是正因為經歷了蕭條期的洗禮，才迫使經營者想方設法的壓縮成本，這在無意當中也就形成了高收益的企業體質。「因為蕭條，虧本也是無可奈何的事。」如果對企業的生存和發展報以這樣的態度的話，那麼即便經濟得到了復蘇，利潤恐怕也是非常微薄的。

平時已經在大力削減成本了，如果再要進行大幅的削減，一般人都會覺得極其困難，這是一種很錯誤的觀點！「沒什麼不可能！」看似乾了的毛巾如果再用力擰還是會有水分被擰出來的，要努力澈底削減成本。

人工費是不能隨便降低的，因此就要提高每個員工的工作效率，一切都要進行重新審視，各方面的費用都需要經過澈底削減。

「現在的製造方法還存在不合理的地方嗎？所需要的材料還可不可以再便宜一些？」重新審視過去的工作方法，然後從根本上進行研究改進，對企業中的每一個環節進行全面性變革，這一點是非常重要的。不但要對製造設備等硬體進行重新審視，在組織的統合、廢除等軟體方面也要進行大刀闊斧的改良，實現澈底的合理化，將成本費用削減到最低。

蕭條時企業間競爭非常激烈，價格會出現大幅度的下降，在這種價格下實現獲利，必須將成本降到最低，使之即使在價格全面降低的情況下仍能做出利潤，假若能夠做到這一點，那麼等到景氣復原、恢復訂單的時候，利潤率就會大大增加。

若想企業在蕭條期仍然能夠獲利的話，只能憑藉控制成本這一點。即便是銷售額減半仍能做到獲利，只要能打造出這樣的企業體質，當渡過蕭條期以後，銷售額又恢復正常時，企業就會實現比之前更高的利潤率。

就是說在蕭條期，在價格全面壓低、銷售額受到重大衝擊的情況下仍能實現利潤，一旦形成這種肌肉型的企業體質，當社會蕭條過去以後、銷售額恢復正常時，就會躍然成為高收益企業。

蕭條期正是增強企業內部機制的絕佳機會。景氣的時候訂單會接二連三而來，為了在交貨期內保證完成這些訂單就必須要全力以赴。即便是想要削減成本，員工們也不可能認真貫徹實行，但到了蕭條期，全體員工的態度就會認真對待了，他們會努力降低成本。從這個意義上說，只有蕭條是促使企業對成本進行澈底壓縮的唯一的機會。

倘若這樣思考問題，那麼蕭條降臨的時候，企業會努力將成本削減下去，從長遠來看，這對於企業將來的發展有百利而無一害，這正是企業為了再次飛躍而採取的積極正面的措施。

相反，「因為是蕭條，虧本也是無可奈何的事。」面對困境束手無策，沒有做出積極的應對措施，那麼即便是蕭條期過去了，公司的獲利情況也不會太樂觀。這種企業的經營是非常不穩定的。

把握住蕭條這個機會，和企業員工進行重新研究和改進，對成本進行澈底的壓縮：「關掉走廊上的燈可以降低成本」、「關掉廁所裡的燈也會降低成本」，不斷採取確實可行的措施。這些細節看起來是微不足道的，然而和員工一起，一步步的削減經費，這便是打造高收益企業的最有效的經營方法。

6 · 杜絕浪費，將經費明細化

【稻盛和夫箴言】

你們考慮過這個原材料的成本嗎？因為是從公司的款項中購進來的，就可以視而不見？假如是你們自己掏腰包買來的，即使是丟掉了一個，你們也會很心痛吧。假若沒有這樣的想法，你們怎麼從

事生產呢？對於工作，大家不能以一種被迫的心態去對待。

　　管理大師彼得・杜拉克說過：「作為一名企業家，應該做好兩件事，第一件就是行銷，第二是降低生產成本。其他都不要做。」

　　削減成本是企業都要面臨的一個不可逃避的主題，成本的高低關係到企業的生死存亡。怎樣控制和削減成本可以說是擺在企業管理層面前的首要難題。假如經營者學會了從每一個細節中削減一切不必要的成本，那麼企業就可能獲得成倍的利潤，企業的綜合實力也會得到進一步的提高。

　　京瓷創辦之初，很少有公司進行月結算，大多是每半年或一年才對公司的經營狀況進行一次結算，因此就不能及時了解每個月的核算情況。然而京瓷卻每個月都要進行一次結算，這在當時對日本企業界來說就是一大創舉，而且在月末後的一週內就將該月度的損益情況統計出來，可謂令世人震驚。

　　而且，所有的結算和會計處理沒有委託任何外面的會計事務所，而是由京瓷內部的經營管理部門獨立製作出核算表，對於每天的業績資料都瞭若指掌，並不斷的採取一些改進和改良措施。

　　稻盛和夫也使用這樣的核算表，他對核算的檢查總是異常嚴格。例如，當他在巡視工廠的時候，倘若發現原材料或金屬零件遺落在地上，就會警告周圍的員工說：「你們考慮過這個原材料的成本嗎？因為是從公司的款項中購進來的，就可以視而不見？假如是你們自己掏腰包買來的，即使是丟掉了一個，你們也會很心痛吧。假若沒有這樣的想法，你們怎麼從事生產呢？對於工作，大家不能以一種被迫的心態去對待。」他每次巡視現場的時候，都會對員工

諄諄告誡，如果看到地上遺落的原材料，必須將它撿起來。

在阿米巴的經營理念中，工作時間核算表還有一個特點，那就是透過金額的形式將工作的目標和成果直觀的呈現出來。公司內部的一切票據中，除了填寫產品的數量以外，還要將金額細膩的填寫進去。因此，公司內部並非單純的以數量作為收益標準，而是以金額作為標準。

每一個人在每一天都會使用金錢，這是日常生活中司空見慣的普遍現象。為了使第一線員工能在所投身的工作中確實感受到金錢發生了轉移，因此稻盛和夫規定必須在所有的票據上都要注明金額。

阿米巴經營就是主張盡可能的降低生產成本，將公司的東西都當作是自己的東西。工作時間核算表中即使有一日元的收入或者支出都要精確記帳，以此來實現絕對精準的核算管理。工作時間核算表可以方便員工對核算進行管理，但是為了將經費開銷控制到最低程度，還需要進一步對核算表中的經費開銷專案進行細化。

稻盛和夫以陶瓷對象的製造工序為例來說明需要進行細化的原因。原料部門將已經調和好的原料以公司內部購銷的方式來賣給成型部門，成型部門隨後將陶瓷成型交由燒結部門，然後燒結成品又被用到下一道工序。在這種情況下，如果希望將電費削減下來，由於「水電費」包含電費開銷和水費開銷，因此不能準確掌握電費的實際損耗，因而有必要將水電費再細化成電費和水費。

接下來還應該全面掌握各個部門和各道工序所損耗的電費。表面上信誓旦旦的要削減電費，可是倘若不知道哪個部門或工序損耗

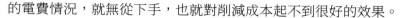

的電費情況，就無從下手，也就對削減成本起不到很好的效果。

於是，京瓷在原料、成型、燒結等各道工序都安裝上了電錶，針對實際用電量來對經費開銷進行分配，使員工們對各阿米巴的電費開銷情況一目了然。像這樣用金額來表示某部門實際花費的成本是非常重要的。如果有必要，還可以細化到某個設備的實際用電量，這就對提高削減經費開銷非常有利了。

如果某個部門的「出差旅費」遲遲降不下來，希望採取一些降低開銷的措施。但是出差旅費的開銷項目非常的籠統，應該著重削減什麼方面的出差旅費就顯得一時無從下手了。於是，就應該將所有的票據收集起來，將出差旅費按照機票費、火車費、計程車費、住宿費等明細進行分類。如此一來就可以清晰的掌握應該對哪一方面的開銷進行削減了。

或者還有一種方法，那就是每個員工對出差旅費計畫有一個掌控額度，在公司主管的指導下，員工合理使用出差旅費，透過這樣的方式削減出差旅費支出。假如不這樣對經費開銷進行細化的話，「經費最小化」就得不到實現。針對實際需求，進一步細化核算表中的經費開銷專案，採取符合實際情況的削減對策是非常必要的。

倘若希望以這樣的方式來追求經費最小化，那麼主管就應該對本部門的阿米巴經費情況準確的掌握，否則就制定不出相應的具體措施。工作時間核算表的各條專案是了解公司日常經營狀況所不可或缺的一項重要指標，作為主管必須要對各項經費開銷項目進行細膩的分析，進行可以洞察一切的經費開銷管理。

7・阿米巴之間也需要合理的售價

【稻盛和夫箴言】

　　京瓷不遵循法定的使用壽命折舊，而是以設備的物理壽命、經濟壽命作為標準，進行判斷，定出「自主使用壽命」折舊。

　　在製造業，假如透過各道工序建立一個阿米巴組織，那麼就能夠在阿米巴之間形成半成品的購銷關係，這時自然就需要有一個售價，因此必須要在阿米巴之間設定一個售價。如何在各道工序之間設定一個合理的售價，首先應該做的就是從銷售給客戶的最終售價著手。比如，一項陶瓷產品的生產完成，要經過原料部門、成型部門、燒結部門和加工部門等各道工序，各阿米巴組織之間的售價應該是以訂單金額作為基礎，從最終工序的加工部門到燒結部門、成型部門、原料部門進行依次分配。但是，因為只有訂單價格才是判斷各道工序之間買賣價格唯一的客觀標準，因此在價格設定的時候需要特別注意。

　　那麼應該怎樣來決定各阿米巴組織之間的售價呢？首先，原則是從最終售價倒推對各道工序的價格作出決定，倘若在決定了某項產品的售價之後，那麼就透過生產該產品所需要各道工序的「工作時間」對阿米巴之間的售價作決定。這項產品銷售給客戶的價格定下來以後，就從最終的加工部門到燒結部門、成型部門，再到原料部門，倒過來依次對各阿米巴之間的購銷價格作出決定。

　　這時候，某個部門因為設置了較高的售價而有較高的核算，反之，另一部門因為售價低廉，不管怎樣努力也沒辦法實現核算上

的平衡，所以會使阿米巴之間產生不公平的現象，容易引起矛盾。為防止這種現象的發生，在決定價格的時候，企業的經營者們必須制定使雙方都能信服的相對公平的價格。在對阿米巴之間售價作出評判的時候，必須充分考慮究竟是哪一個部門產生的經費支出、工作力、產品在技術上存在的難度、跟同類產品在市場上定價比較等因素，最終作出公平的裁決。也就是說，判斷阿米巴之間售價的經營者必須以公正和公平進行裁決，而且要言之有據，令大家能夠信服。

另外，為了作出比較公平的判斷，決定價格的經營者還應該清晰的了解關於工作價值的一些社會性常識。社會性常識就是關於工作價值的常識，舉例來說，一項電子設備如果銷售出去，需要有百分之幾的毛利、從事這一領域的員工的薪水每個小時要支出多少、倘若是外包，則需要多少工錢等等，對於這些情況必須要全面掌握和了解。

那麼為什麼需要這些知識呢？我們可以用一個具體的事例來證明。公司內部購銷的定價是透過原則、依據生產該產品，如果本公司生產的科技產品具有很高的附加價值，每一道生產工序需要高技術，但其中有一道生產工序相對簡單，是由阿米巴 A 負責的，定價則根據高技術的「工作時間」。

因此，單純作業較多的阿米巴 A 也是根據高附加價值的「工作時間」進行定價的，跟外包費用做比較，阿米巴 A 應得的份額就會很高。假如阿米巴 A 的工作是一般市場行情的好幾倍，那麼即便是不努力也是穩賺不賠的。而其他工序的阿米巴 B 因為要付出高

技術，而且在設備投資上還要增加各種費用，因此應該根據更高的附加價值進行合理分配。在這種情況下，為了防止阿米巴 A 不貪圖暴利，具有社會常識的經營者就應該將阿米巴 A 的售價調整在一定的市場行情範圍之內。

這種阿米巴之間的定價，應該由深刻了解各阿米巴工作的經營管理者，以社會常識為根據準確的判斷阿米巴所需的經費支出和工作力，並相應作出公平的售價。

在對一件事物進行判斷時，最重要的就是經常要追根溯源，不失做人的基本道德和社會良知，以正確的做事方法作為判斷標準。稻盛和夫自從二十七歲開始創業，直至現在都堅持以這種思想去經營。

小時候，父母就說過的「不可以這樣做」、「可以這樣做」，上學的時候，老師會教導我們什麼是善，什麼是惡，這都是些非常樸素的倫理觀。簡單來說，可以用公平、公正、正義、努力、勇氣、博愛、謙虛、誠實等這類的詞詞彙表達。

在經營過程中，在考慮經營策略之前，稻盛和夫首先考慮的是「應該怎麼做人」，並且以此作為判斷的基礎。

假若對任何事物都不去追根溯源，只是一味的跟風盲從，覺得自己沒必要負責任進行思考和判斷。也許有人認為，只要是跟著別人做，就會萬無一失，認為不是什麼大不了的事情，不需要深入考慮。但是，經營者即使只有一點點這樣的想法，很可能就會使企業走進深淵。無論多麼細微的事，都應該追溯到原理原則，以此為基礎進行澈底的考慮，那樣做可能會非常的辛苦，但是稻盛和夫就是

這樣一直做下去的,他始終都是以普遍正確的原則作為判斷基準,因此他才能取得如此之大的成就。

在經營中一個不可或缺的環節 —— 會計也完全一樣,不應該跟著會計常識和習慣作法做出判斷,而且重新問什麼是本質,根據會計的原理原則判斷。因此,稻盛和夫一般都不盲信所謂的「適當的會計基準」,而是從經營角度出發,注意為什麼要這麼做,其本質又是什麼?

針對在會計領域根據原理原則判斷,稻盛和夫舉了一個固定資產折中的使用壽命作為案例分析。

有一次,他問財務部的負責人員:「為何要折舊買這些機器?」

他們回答稻盛先生:「機器雖然經常使用,但也不會改變它的形態,不像原材料那樣,如果使用的話就會改變其原來的形態,甚至會消失,而且買來的機器可以一直用上好幾年都沒問題,假如一次性扣除所有的費用是不合情理的。可是,不停的使用,到最後要報廢時才對其費用進行一次性扣除,顯然也是不合理的。因此,正確做法是估計那機器可以好好運轉多長時間、生產出多少產品,把費用劃歸到整個使用壽命期間。」稻盛和夫對這個回答非常滿意。

關鍵是在財務常識上,使用壽命是根據所謂「法定使用壽命」來進行計算的,即參照日本大藏省頒布的一覽表對折舊年限作出決定。

根據那張一覽表,瓷粉成型設備應該歸在「陶瓷黏土製品,耐火物品等的製造設備」一項,使用壽命被判定為十二年。倘若依據這個規定,用於將硬度非常高的瓷粉成型因而造成磨損很嚴重的

機器設備也要折舊十二年。可是，磨砂糖和麵粉等用於做糕點的機器，磨損沒有太過嚴重卻歸「麵包或糕點類製造設備」，使用壽命僅有幾年，甚至比陶瓷類的製造設備使用壽命還要短很多。

這是難以接受的，根據不同機器的正常使用壽命攤分費用是理所當然的，但是實際上卻要被迫按「法定使用壽命」分類，經營者怎麼能夠隨便接受？

這個所謂的「法定使用壽命」，是為重視「公平課稅」制定的，沒有對不同企業的不同情況進行具體的分析，就一律折舊。根據稻盛和夫的經驗，如果一整天都稼動設備磨瓷粉的話，即便是再小心的養護，機器最多可以支撐五六年時間。那麼，折舊就應該根據設備實際使用壽命進行。

然而，財務、稅務專家們會說：「儘管在結算處理時按六年折舊，但在稅法上必須按十二年折舊。」所以，假如那樣做。前面六年的折舊費增加了，而利潤卻減少了。可是計算稅的時候，又要根據法定使用壽命十二年折舊，利潤減少可是稅不減少。

還有的專家覺得：「稅務的使用壽命是由稅法規定的，大家都應該遵循，特意做不同的事並不聰明。在實務上為折舊法做兩本賬也會遇到很多麻煩。」

很多經營者就是在這些所謂的專家們的意見面前屈服了：「是這樣啊，那就這樣吧。」

稻盛和夫認為即便實務常識如此，依照經營和會計的原理原則，即使同時要交稅也應該折舊。假如用了六年就不能再用的東西要按十二年折舊，那就是為不能用的東西不斷折舊，也就是說在實

際使用的六年期間少算的折舊費，其實要在之後的六年折舊。

「不將產生的費用計算在內，只看到眼前的利潤」。這種做法，嚴重違反了經營原則和會計原則。公司若是一直這樣經營下去，是不會有前途的，他們緊緊跟隨著使用「法定使用壽命」的慣例，忘記了「什麼是折舊」，「應該在經營上做出怎樣的判斷」這兩個本質問題。

所以稻盛和夫決定，京瓷不遵循法定的使用壽命折舊，而是以設備的物理壽命、經濟壽命作為標準，進行判斷，定出「自主使用壽命」折舊。更新換代特別快的電信設備，稅法上規定是十年的使用壽命，稻盛和夫也把它大幅縮短。此後，京瓷在會計上實行「有稅折舊」，在稅務上另按稅法規定的使用壽命計算折舊。

8‧靈活合理的進行價格定位

【稻盛和夫箴言】

定價是一種管理方式，因為它直接決定了一個公司的經營成敗。

在產品經營過程中，適當的價格對於擴大產品銷售量起著重要作用。這是因為價格是影響市場需求和購買行為的重要因素。價格定得合理，就可以擴大產品銷售，提高市場占有率，增加企業利潤；反之，則會使產品滯銷，增加庫存，積壓資金。所以，一個好的產品不僅要有好的品質、好的推廣方式，同時還要有一個適當的價格定位。尤其是在當今市場競爭激烈的情況下，價格定位更是重

要。價格定高了，就沒有競爭優勢了，價格定低了虧損的風險就產生了。究竟價格定位定在多少才合適，要根據實際情況採取靈活的價格定位策略。

稻盛和夫認為，定價是一種管理方式，因為它直接決定了一個公司的經營成敗。在京瓷公司的經營中，稻盛和夫極為重視對管理層人才的選拔，他希望錄取具有商業頭腦、懂得經營生意的人才與他一同管理公司。而在選聘京瓷公司的董事時，「是否能制定合理的產品價格」就是他選聘的標準之一。

稻盛和夫提出了用「如何經營拉麵消夜館」的實踐性考題來選聘董事的構思。在這個構思中，公司可以提供給應聘者全面的籌備條件，包括購置麵館所需設備的資金，在幾個月的麵館生意經營中，看誰獲利最多。公司透過這種競爭的方法將人才選拔出來。之所以構想這個試題，是因為稻盛和夫認為，在做麵館生意的過程中，包含了經營的所有內容，如何做麵館生意，濃縮了經營的各種要素，僅從如何定價，就可以判斷出應試者是否具備商業才能。

在做麵館生意的過程中，做何種麵條、選用何種材料決定了一碗麵的等級不同；麵館選址的地段不同，營業時間就不同，面對的顧客類型也不同，這些都展現著應試者的經營哲學。當這些定下來後，定價就成了影響經營的又一重要因素了。稻盛和夫認為，如果麵館開在學區，就要薄利多銷；如果開在市區，不妨做高檔美味拉麵，即使定價較高，賣得少照樣可以獲利。

正是因為這個看似不起眼的麵館經營卻具備了經營的各種要素，所以稻盛和夫覺得這樣的考題，能判斷出候選者有無商才，從

而能為選聘董事把關。當然，這只是一個考題構思而已，因為實施方面有難度，所以最終沒有推行。但我們從稻盛和夫在試題中著重強調定價的這一點，就能明白，產品定價事關企業生死存亡，是決定企業經營的成敗的關鍵環節。

懂得經營才能看清產品在市場中的賣點，從而清楚應當如何定價。由洞悉市場、懂得經營企業高層為產品定價是企業定價的通行做法。如果不能看清全域、謹慎權衡，就極易導致定價錯誤，產生損失。比如，有家店鋪，為了招攬顧客推出了很低的折扣，顧客是蜂擁而至了。可是，沒多久這家店也宣告倒閉了。稻盛和夫說，這種結果就是由錯誤的價格策略，再加上管理上的疏忽導致的。由此可見，如果定價策略有誤，企業經營將難以成功。

稻盛和夫的定價策略，展現了他在經營上的大智慧：對產品的合理定價，源於對市場、對顧客的全面把握，要做到這一點，企業必須在市場經濟中站到雙贏的高視角，才能兼顧顧客的最大滿意與企業的長遠發展。

產品價格的高低，受到許多因素的影響，企業制定價格的時候，往往不能面面俱到，只能側重某一個方面的因素。定價方法大體有以下幾種：

（1）成本加成定價法。指按照工作成本加上一定百分比的加成制定產品銷售價格。加成的含義即一定比率的利潤。這種方法使用的比較普遍，它的優點是可以簡化定價程序，同時對買賣雙方都比較公平。加成率的制定可以參考競爭者的同類產品的價格，既要保證企業

獲取利潤，又不能大大高於同類產品價格。

(2) 目標定價法。指根據估計的銷售額和銷售量制定價格。首先，要估計各種不同時期的產量和總成本；其次，估計未來的銷售量；最後，計算投資回報率。此方法的最大缺點是：根據銷售量制定價格，而價格恰恰是影響銷售量的重要因素。

(3) 認知價值定價法。就是企業根據購買者對產品的認知價值制定價格。此方法的關鍵在於準確計算產品所提供的市場認知價值。然後，在此價值及價格下估計銷售數量，決定所需的產量、投資和工作成本，計算利潤。

(4) 隨行就市定價法。指企業按照行業的平均現行價格水準定價。此種方法是同質產品市場的慣用定價方法。在產品難以估算成本，企業打算與同行和平相處，如果另行定價，很難了解購買者和競爭者對本企業價格反應的情況下，經常採用此方法。

(5) 公開投標法。這種價格是供貨企業根據對競爭者的報價的估計制定的，而不是按照供貨企業自己的成本費用或市場需求制定的。供貨企業的目的在於贏得契約，所以它的報價應低於競爭對手的報價，但不能將其價格定得低於邊際成本，以免使其經營狀況惡化。

產品的定價是行銷策略中一個十分重要的問題。它關係到產品能否順利的進入市場，能否站穩市場，關係到企業能否實現利潤最

大化。然而，在企業的市場行銷策略實踐中，定價決策的地位一度
被忽視。據《商業週刊》的調查，直至一九八〇年代中葉，高層行
銷主管才基本上認同定價決策是他們的主要職能之一。作為行銷主
管，應該經常研究定價政策，根據銷售預測和市場占有率的大小，
來決定並採取對企業有利的定價策略。

第 7 章　銷售最大化，成本最小化—高效益經營

第 8 章

多做創造性的工作
——創新經營

「鋪裝平整的大道」是大家都想走的、都正在走的路。在那樣的大路上跟著別人亦步亦趨沒有趣味。若只知步別人的後塵，則絕不能開拓新的事業。

——稻盛和夫

1・經常做創造性的工作

【稻盛和夫箴言】

新興產業的出現和發展對整個國家的運作，社會經濟的進步是非常重要的。說新興產業的發展決定國家的命運，左右經濟的發展，這並不為過。

稻盛和夫的「經營十二條」的第十條是：「經常去做創造性的工作。」從經濟學的角度解釋，「創造性的工作」就是「創新」。「創新」的概念最早是經濟學家約瑟夫・熊彼特（Joseph Schumpeter）提出的，一九一二年，他在博士論文《經濟發展理論》中指出，從經濟學角度來看，創新有五種類型：

（1）引入一種新產品或提供一種產品的新品質。

（2）採用一種新的生產工藝或生產方式。

（3）開闢一個新的市場。

（4）獲得一種新原材料或半成品的供給來源。

（5）實行一種新的企業組織形式、生產組成方式或管理方式。

關於創新的概念有多種，但大多是沿用熊彼特的觀點或在其基礎上加以發展。

稻盛和夫在創業的過程中，非常重視創新。他認為，發展企業必須「創造新的需要、新的市場、新的技術、新的產品」。他曾經說：「新興產業的出現和發展對整個國家的運作，社會經濟的進步是非常重要的。說新興產業的發展決定國家的命運，左右經濟的

發展。」稻盛和夫把創新看成一個企業領導者必備的素養，他說：「（企業的）領導者必須經常保持創造性的心態，還要經常引導部下尋求新的東西，培養他們的創造性。因為不常引入創造性的思考方式，這個集團就不可能有持續的進步和發展。如果領導者對目前的狀況表示滿足，整個集團就會不思進取，甚至退步。」

在擔任美國電話電報公司總裁之前，約翰‧沃爾特曾經當過美國郵政管理局的郵差。

當已經五十歲的沃爾特成為了美國電報電信公司的最高層管理人員之後，才發現自己是在一個已上百年歷史的電信王國中工作，這個王國在長期的壟斷統治期間形成了一套同樣死板的規定，沃爾特面前的難題是，設法推動這個年邁而遲緩的老人、再一次煥發活力，以更快速度的發展來避免日落西山。

沃爾特的第一項策略性變革，是透過改組高級管理部門和重新調整公司結構來採取行動消除組織上的「減速丘」（指為防止車速過快在使路面做出突起的部分）。公司原有的六層官僚機構緩慢的動作。不僅削弱了公司制定策略的能力，而且無形中增強了競爭對手的實力。他不僅已經簡化了這個程序，而且還建立了一個新的雇員補給制度。

另一項重要的變革是，沃爾特制定了一項新的銷售策略，這項銷售策略把重點放在同客戶建立持久的關係上，而不只是銷售產品。他說：「從以產品為中心走向把重點放在客戶上是一個驚人的變化，而不是一個微不足道的變化。我們正在做的事情的每一方面都是關於客戶的，這是我們的傳統做法和我們的策略意圖的一個澈

底的改變。」

　　為此，沃爾特還採取了兩項當時被視為大逆不道的變革措施：

　　一是把美國電話電報公司改組成兩個主要部門：重點放在一千萬商業客戶上的兩百一十六億美元的部門，和為它的八千萬消費者客戶服務的兩百四十七億美元的部門。沃爾特說：「這個新的組合將幫助美國電話電報公司使產品更快到達市場。」像網際網路接通服務這樣的獨立部門已被併入這兩個部門，三十九億美元的無線通訊部門仍保持著相對自治，但是正在和美國電話電報公司的其餘部門合作。例如，零售商店將展開長途電話這樣的銷售服務。

　　二是削減用來聘請外面的顧問的預算。從外面聘請顧問一九九六年花去美國電話電報公司十億美元。削減這筆預算將節省大筆現金。

　　沃爾特看來毫不畏懼。在他到達美國電話電報公司三週之後，該公司開始有了新的生機：新市場以每年百分之三十到百分之四十的速度成長。其中美國最大的無線電公司、沃爾特公司下屬的無線電服務公司二○○二年的收入就成長百分之十八。

　　沃爾特總結說：「這裡最主要的策略問題是靈活性和革新精神。」

　　美國電話電報公司總裁沃爾特努力打破公司長期形成的死板規定，使公司設法以超過整個電信業的變革速度：透過改組高級管理部門、重新調整公司結構和簡化決策程序來消除公司快速發展的內部障礙，建立新的員工入股制度，讓員工擁有購股選擇權；將銷售策略重點由以往的銷售產品轉向同客戶建立持久的關係；提供面向

不同種類客戶的綜合服務；不以降價來討好客戶，而注重建立消費者對公司品牌的信任。這一切變革策略的實施，不僅使企業受益，更使沃爾特本人贏得了傑出管理大師的美譽。

在經濟和科技飛速發展的資訊時代，企業的外部環境是千變萬化的。企業面對的不確定因素越多，就越需要創新。美國管理學之父彼得・杜拉克就曾經指出：「一個不能創新的公司是註定要衰落和滅亡的。在這樣一個時代中，一個不知道如何對創新進行管理的管理當局是無能的，不能勝任其工作。對創新進行管理將日益成為企業管理當局，特別是高層管理當局的一種挑戰，並且成為它的能力的一種試金石。」

2・不斷創新，精益求精

【稻盛和夫箴言】

明天總會好過今天的，後天也一定會比明天好，經過不斷思索和改進，最終就可達到精益求精的境界。

企業依靠產品來謀求生存和發展有兩個方法：一是在原有產品的基礎上增加產量；二是進一步大力開發新產品。但是，企業如果僅僅憑藉對原有產品的生產，它的壽命也就會隨著產品的淘汰而逐漸在市場上消失，這樣的企業不會生存多久。因此，要在原有產品進入成熟期時，進一步推陳出新；當新產品又進入到一個成熟期的時候，再繼而推出第二代新產品；這樣以此類推，企業在創新產品的前提下，其發展就會像滾雪球一樣，越滾越大。

　　企業的競爭優勢主要是看企業能不能向市場提供滿足消費者需求的新產品。因此，企業只有不斷進行創造性的工作，才能在市場中立於不敗之地。

　　「明天總會好過今天，後天也一定會比明天好，經過不斷思索和改進，最終就可達到精益求精的境界。」美國新聞界的風雲人物大衛斯先生在他的著作中有一章特意描寫了稻盛和夫，一開頭就引用了稻盛先生的這句話。

　　事實上，京瓷以前做的事，人們都認為做不到，京瓷開始致力於新型陶瓷的開發，將它作為新興的工業材料，而這些新型材料可以使京瓷贏得數百萬億的利潤。在這之前，人們覺得這是不可能實現的，可是事實上新型材料所具有的優良性能廣泛應用於電腦產業，並使其蓬勃發展，同時京瓷又相繼開發出了人造骨、人造牙根等新產品，對社會做出了偉大的貢獻。

　　京瓷之所以能取得如此大的成就，主要歸功於公司員工的創造力上。而有的公司則不思進取，或者是知難而退，總是覺得自己缺乏足夠先進的技術，因此無法實現在產品上的創造性。稻盛和夫認為這種觀點是不能令人信服的，任何一家公司都不可能有先天技術上的優越性，潛力是需要激發出來的。

　　明天總會好過今天的，後天也一定會比明天好，經過不斷思索和改進，最終就可達到精益求精的境界。

　　一天的努力可能換來的成果是不顯著的，可是如果鍥而不捨的持之以恆，經過一天、一個月、一年的累積，就會帶來天翻地覆的變化，不但是清潔工作，企業中任何的工作都是一樣。這個世界上

劃時代的創造發明也都飽含著這個真理，都是踏踏實實、一步一個腳印累積出來而產生的。不管企業屬於什麼行業，不可以每天以同樣的方式來重複同樣的工作，要不斷有創新意識，要將這句話作為公司的發展方針，明確的提出來，而且經營者必須要起到帶頭羊的作用，如此堅持三四年的時間，企業就會逐漸發展其獨創力，就可以進行卓有成效的研發工作。

客觀事物是在不斷變化的，無論是對個人還是企業，因此觀念也要隨之改變，唯有變才能獲得發展機會。觀念決定了行為方式，如果我們把行為方式變「墨守陳規」為「獨立思想」，這樣一替代，將會發現很多創新的機會。而要想不斷創新，就需要管理者時時發動觀念的革命，消除過時的思維，吸收新穎的想法，以觀念的變革來帶動企業的變革。

3‧勇敢的走別人沒有走過的路

【稻盛和夫箴言】

凡是人們都熟知的路，我從未涉足過。昨天走過的路，今天再走一趟，或者去重複別人已經走過的路，這與我的天性不合。我總是選擇別人沒走過的新路，一直走到今天。當然，這樣的道路絕非平坦，因為誰也沒有走過。

稻盛和夫回顧自己的職業生涯時說：「凡是人們都熟知的路，我從未涉足過。昨天走過的路，今天再走一趟，或者去重複別人已經走過的路，這與我的天性不合。我總是選擇別人沒走過的新

路，一直走到今天。當然，這樣的道路絕非平坦，因為誰也沒有走過。」

　　創立京瓷公司時，稻盛在陶瓷領域還是一位「門外漢」，但在長期從事研究工作的過程中，稻盛大膽嘗試各種新產品研發，京瓷公司最初著手做的陶瓷叫做「精密陶瓷」，就是嘗試用電腦、手機等各種高科技產品的材料進行加工升級，在短暫的時間裡成功的開發出的全新材料。

　　京瓷自創業以來，稻盛和夫以這樣敢為人先的氣魄不斷開發新產品，不斷向新事業發起挑戰。熟悉稻盛和夫的人都知道，他經常說的一句話就是：「我們接著要做的事，又是人們認為我們肯定做不成的事。」

　　稻盛和夫把自己正在走的路稱之為「無人通行的田間泥濘的小道」。這條路上沒有鋪裝平整的大道上的車水馬龍，也沒有路人在走過的路上留下有價值的東西。儘管，有時腳底一滑就會跌入水田，但稻盛和夫仍然一步一步向前走，而且堅忍不拔的走到今天。一路上他有許多新的發現和成果。

　　事實上就是這樣，創新就在身邊，成功僅離我們一步之遙，關鍵在於我們是否能夠留心觀察、留心發現，並能用我們的信心、勇氣和恆心及時、迅速的付之於行動。我們要先有超人之想，後有驚人之舉，能做到不落俗套，勇於走他人沒有走過的路，就可不同凡響。

　　在泰國有個養鱷大王叫楊海泉，他出生於一個貧苦的華僑家庭，從十歲起就做童工，先後做過照相館助手，旅館的接待人員、

首飾店的店員，還做過小生意。他總結出一條經營之道，即：在激烈的競爭中必須獨闢蹊徑，大膽開創冷門生意，這樣才能獨占鰲頭，立於不敗之地。

可是，冷門在哪裡呢？

一天，楊海泉遇到了一個以獵殺鱷魚為生的舊相識，兩人在一起談起鱷魚，談出了興趣。那人介紹道：鱷魚的全身都是寶，捕殺鱷魚的人發了大財，但是現在鱷魚已越來越難捕了，就連小鱷魚也在捕殺之列。

楊海泉靈機一動，立即想到：如果這樣濫捕，即使是一座金山也會被挖空的，何況是動物呢？如果把鱷魚的幼仔飼養起來，就像養羊養豬那樣，長大了再殺，不就可以「無窮無盡」了嗎？

然而畜養鱷魚自古未聞，家人和親友對此都不屑一顧，對他冷嘲熱諷。

可是楊海泉毫不動搖，說做就做。他一面扮作捕鱷者，到鱷魚產區去廉價收購幼鱷；一面很快就在自家的地裡修築了一個養鱷魚的池子。小鱷魚不值錢，楊海泉是一個十分勤勞的人，得到了那些補鱷人的好感，很多人就免費把小鱷魚送給了他。

小鱷魚不斷多起來，但是楊海泉很窮，連鱷魚飼養費都拿不出來。親戚朋友看到楊海泉的這種「反常」舉動，都紛紛前來勸阻。

他的母親更是反對，以「養虎傷人，養鱷積惡」責怪他，說他是異想天開，想錢想瘋了。

這也不足為奇，古今中外，哪裡聽說過飼養鱷魚的事情。但是，楊海泉就是沒有動搖。他認為別人嫌棄的、不願意做的，才有

可能取得成功；別人沒有走過的路，走起來才會更加寬廣。

　　人工飼養鱷魚是一件前無古人的事情，沒有規律可循，沒有老師可學。事實證明，敢為人先的人就必須有膽量接受各種磨練。

　　餵養鱷魚比餵養一個初生嬰兒還要困難。

　　剛剛開始的時候，由於缺乏飼養經驗，有些小鱷魚因此喪命。成年鱷魚給人的感覺是十分兇悍的，但是小鱷魚的生命卻很脆弱，對氣候反應很敏感，對小小的驚恐也會發生痙攣而生病，嚴重的還會殘廢或喪命。可是這一切並沒有嚇住楊海泉，他經過日夜認真觀察，這個問題終於得以解決，成功的闖過第一關。

　　一波未平，一波又起，更大的問題在等著楊海泉。主要有兩個方面：一是小鱷魚喜歡吃魚類或水中的小動物，有時還要吃肉，楊海泉很難拿出這麼多錢去買飼料；二是隨著鱷魚的不斷長大，原來的鱷魚池已經不能容納了，楊海泉缺乏必要的資金擴建。

　　沉重的經濟負擔使楊海泉喘不過氣來。

　　眼看就要堅持不下去了，楊海泉只好含淚操刀宰殺部分基本達到出售規格的鱷魚賣掉去換取資金。就這樣一面飼養一面宰殺，經過三年的時間才基本解決了經濟危機問題，慢慢的經濟有了一定盈餘。

　　為了提高鱷魚的價值，楊海泉購買了自己的屠宰設備，鑽研獨有的宰殺技術。當時，泰國的鱷魚產品都是由捕殺鱷魚的人在捕捉的時候宰殺的，設備很簡單，加工很粗糙，魚皮的品質不高。楊海泉之所以這樣做，就是希望生產出世界一流的產品。很快他就生產出了高品質的鱷魚皮產品。「海泉鱷魚皮」很快就得到了消費者的

青睞，售價比一般的鱷魚皮產品高了許多。

憑藉著「海泉鱷魚皮」的名牌優勢，楊海泉很快就占領了先機，他很快就成立了一家「友商貿易行」，包攬了鱷魚皮的生產出口業務，生意做到國外。楊海泉善於經營，講求信用，名聲越來越大，越來越好，生意當然就更好，實力也更加雄厚了。

在成功者的字典中是找不到「滿足」這兩個字的，楊海泉也不例外。他認為，養鱷魚這件事是沒有盡頭的，他完全可以把這項事業繼續下去。

他想，如果只是為了改善自己的經濟條件，這樣已經完全是夠了，但是如果真是只這樣，那就太可悲了。

他下了決心，不僅要用這種動物來賺錢，還要挽救這種野生動物，不要使之滅絕。考慮過去，思索將來，只有進行人工繁殖，才能達到自己的目的。

他確定的方針是「採取留種、保種的方法，進行人工繁殖」。方針一經確定，楊海泉就馬上付諸實施。他極為得意這個決定，很多年之後，他接受記者採訪時還說：「那個決定是我養鱷事業的真正開始，是我事業的重要組成部分，到現在我還感到很興奮！」

楊海泉在他的出生地泰國曼谷南郊的漁港北欖開始了他的新的創業。這個地方位於湄南河的下游近海處，海水和河水在這裡交會，環境美麗，氣候宜人，是飼養鱷魚的最佳地點。他非常高興的說：「我生在這裡，創業在這裡，真是天時、地利、人和三者！」他先買下一塊地皮來修建養殖場，利用飼養鱷魚來進行資本累積。經過十年的努力，他又購買了多達近百公頃的土地，開始更大的創

業。此地有天然的水源，有天然的沼澤，所以給這個地方取了一個叫「北欖鱷湖」的名字。在很短的時間內，這個湖內就飼養了一千多條特選的優良種鱷魚，收集了很多不是泰國出產的鱷魚品種，多達十餘類。

到了一九七〇年代初，楊海泉的「北欖鱷湖」已經是舉世矚目的最大規模的人工養鱷湖了，率先進入了專業化養鱷魚的行業。

一九七一年三月，在美國的紐約召開了世界保護鱷魚大會，有十個國家和地區的專家參加會議，楊海泉作為泰國的唯一代表出席了這次大會。他就像一個技術權威一樣，在大會上慷慨陳辭，向世界頂尖級專家講授他的養鱷經驗，還講述了泰國近五十年來養鱷的情況，引起了大家的濃厚興趣。

他很自豪的宣布：「在我的養鱷池裡飼養著一萬五千頭大大小小的鱷魚！」

在那年代，世界各地都有不少稱得上捕鱷家的人，但是稱得上養鱷專家的人，除了楊海泉，恐怕沒有第二人了。他的成功經驗引起了世界各地的注意，參觀學習的人絡繹不絕。有很多人千里迢迢而來，高高興興而去，楊海泉的名聲大振。

一九七三年，國際保護鱷魚大會在泰國曼谷舉行，會場就是楊海泉的「北欖鱷湖」，這是對楊海泉的事業的高度評價，是宣傳楊海泉先進經驗的絕好機會。

就是他這樣一個窮人的孩子，幾乎沒有上過什麼正規的學堂，現在居然走進了世界最權威的鱷魚專家的行列，創造了一個神奇的「鱷魚王國」，成為了泰國的巨富。

泰國人對楊海泉的成就大加讚頌，有一本雜誌這樣寫道：「楊海泉的事業成就充分表現出了泰國人民的偉大創造精神！」

楊海泉的可貴之處就在於不會「滿足」，他知道要保持世界唯一最大的人工養鱷湖的美譽，必須做出更大的努力，必須不斷前進。

不久，楊海泉做出了一個大膽的舉動：「北欖鱷湖」向遊客開放！

把養鱷業與旅遊觀光結合起來，無疑是一個天才的創意，無疑是一步成功的好棋，這步棋下得神奇巧妙！

「北欖鱷湖」對外開發之後，參觀者絡繹不絕，很多國家的領導人也不斷到來：印度總統基利、新加坡總理李光耀等先後參觀「北欖鱷湖」，成為了轟動一時的新聞。

「北欖鱷湖」已經成為泰國的一個旅遊勝地，每年參觀的人次高達百萬以上。在這個「鱷魚王國」裡，除了鱷魚，還有老虎、大象；除了動物園，還有遊樂園等。

在這裡，最令人嘆為觀止的是人與鱷魚「格鬥」、大象跳舞表演……。

大家知道，泰國是一個旅遊的國度，每年都有數以百萬計的人前往參觀遊覽。但凡到了曼谷的人，很少有不去「北欖鱷湖」參觀的。

參觀的人給楊海泉送去了滾滾財源，再加上鱷魚給他帶來的取之不盡的黃金白銀，所以楊海泉的確到了「名利雙收」的地步。

「創新者生，墨守者死。」社會是發展變化的，只有變化才能

生存，也只有跟上時代的變化才能求得發展。要有變化就需創新。

4・創新是發展事業最基本的手段

【稻盛和夫箴言】

不斷的鑽研創新，不斷的從事創造性工作，這才是發展事業最基本的手段。

被譽為開創了一個「新石器時代」的京瓷公司，最初是致力於新型陶瓷的多元化應用，隨後向其他全新的領域進行拓展。以新型陶瓷的多元化應用為例，一開始主要是運用在電子工業領域，後來發展到切削工具、人工骨、人工寶石、太陽能光電這樣的新領域。

在電子工業領域，京瓷最初是給松下電器的電視機映像管生產 U 字型絕緣體的。但在 U 字型絕緣體供不應求、獲利豐厚的時期，稻盛和夫就開始了各種新產品的研發，其中包括研發 U 字型絕緣體的替代產品。實際上，U 字型絕緣體後來全部被淘汰了，原因是映像管被電晶體所替代。但此時，京瓷已經能生產電晶體的零件，並幾乎包攬了這種產品的全球市場。不久，電晶體被 IC 所替代，但京瓷早已開發出了陶瓷 IC 封裝。伴隨著半導體行業的發展，陶瓷 IC 封裝使京瓷獲得了飛躍性的發展。

京瓷為什麼會如此有先見之明，一次又一次的跟上技術變遷的步伐呢？稻盛和夫認為，京瓷並沒有什麼先見之明，只是不滿足於現狀，對任何事物都想鑽研創新，勇於向新領域發起挑戰。他說：「不斷的鑽研創新，不斷的從事創造性工作，這才是發展事業最基

本的手段。」他甚至進一步認為，對於看似沒有發展前景的工作，只要在工作中不斷的鑽研創新，澈底的追求新的可能性，就能取得卓越的發展。

事實就是這樣，要想你的產品能牢牢的吸引顧客，就要不斷的開拓市場，就要有永不停息創意精神。

在眾多的體育用品之中，足球鞋可能是最主要的產品之一。據統計，愛迪達公司僅此一項，每年就生產五百多個品種，二十八萬餘雙，在一百五十多個國家的體育用品銷售中占據著首位。

愛迪常說：「現代的體育運動迅速發展，體育用品的生產，必須時刻注意改進產品，以適應顧客的需求，否則就有被擠垮的危險。」

很多年來，愛迪達公司之所以能牢牢的吸引顧客，不斷的拓展市場，其中，永不停息的創意精神就是愛迪達公司成功的關鍵所在。

一次，愛迪達公司發現足球鞋的重量與運動員的體力消耗關係極大：在每場一個半小時的比賽中，平均每個運動員在球場上往返跑一萬步。如果每只鞋減輕一百克，那麼就可大大減少運動員的體力消耗，提高他們的打拚能力。

愛迪經過觀察，發現半個世紀以來，足球鞋的重量很少減輕，而主要原因是保留了足球鞋上的金屬鞋尖。而在每場比賽中，就是最能拚殺的前鋒，可能踢觸到足球的時間，也只有四分鐘左右。

怎麼樣才能把鞋的重量再減輕一些，這成了愛迪整天思索的事。據說愛迪為此整天吃不好飯、睡不好覺，直到晚上還是迷迷糊

糊，想著跑鞋減輕重量的事，不知不覺進入到夢中。在夢中，他夢到與足球運動員對話。

運動員告訴他：「鞋釘太重，可否取掉？」

「那你們的鞋不是太軟了嗎？」

「可以做得硬一點。」

這句話驚醒了愛迪，他連忙爬起來，在記事本上記下這段對話。

經過反覆的研究，他們果斷的去掉了鞋上的金屬鞋尖，設計出了比原來輕一半的新式足球鞋。這種鞋投放市場就立即受到好評，足球運動員和足球愛好者們爭相購買。

一九五四年，世界盃足球賽在瑞士舉行。愛迪達公司抓住開賽前的機會，深入到運動員中間，廣泛的聽取運動員的意見和要求後，非常迅速的研製出一種可以更換鞋底的足球鞋。

決賽那天，伯恩的瑞士首都體育場上一片泥濘，賽場上的匈牙利隊員奔跑起來非常費勁，狼狽不堪，而穿著愛迪達公司生產的新球鞋的聯邦德國隊員，卻依然雄姿勃勃，健步如飛。比賽結果，聯邦德國足球隊第一次登上了世界冠軍的寶座。就這樣愛迪達的活動釘鞋一下子又成了人們搶手的熱門貨。

愛迪達公司還十分注重西方青年服裝的潮流，在花樣及色彩上不斷更新，使人們目不暇接，難怪人們說，很難看到同一樣式的愛迪達運動衣。後來，他們又進一步研究出一百五十多種新產品。在一九八六年的歐洲運動服裝博覽會上推出，為主辦者增色不少。

三十多年來，愛迪達公司開發了一種又一種受人歡迎的產

品：橡皮凸輪底球鞋；適合冰雪地、草地、硬地比賽的各類球鞋；一九六〇年代研製出來的以塑膠代替皮革的球鞋；一九七〇年代投產的用三種不同硬質材料混合製成鞋底的球鞋；一九八〇年代初生產的新式田徑運動鞋，這種鞋的鞋釘螺絲可以根據比賽場地和運動員的體重、技術特點、用力部位而自行調節。

　　早在一九七八年，僅足球鞋一類，愛迪達公司在世界各地所獲得的專利就達七百多項。時光整整過去了三十多個年頭，經過幾十年的苦心經營，愛迪達公司從一個僅有幾十名員工的小廠發展成為一家跨國公司。

　　目前，它已是擁有四萬多名員工、年產值三十九億馬克的世界頭號體育用品公司。它的分公司分布在全球五十多個國家，產品行銷一百六十多個國家和地區。這個公司的鞋成為體育明星追求時髦、崇尚健美的「好夥伴」。

　　不斷創新就有希望，不斷改變就能生存。這是商道經營的鐵律，也是成大事的又一法則。

5．敢想敢做，力求突破

【稻盛和夫箴言】

　　應該成為怎樣的領導者？領導者應該具備哪些特質？應該怎樣領導員工才能使企業收益？稻盛先生告訴我們，作為一個領導者，首先最重要的是要有全域觀念，必須著眼於全域，要看到商業競爭的大環境、大趨勢和自我整體態勢，領導者要學會調整各種大目標和各種小目標之間的高度，使他們擁有統一性和發展的協調性。做

到這些，重要的一點是領導者必須擺脫常識的束縛，能夠激勵團隊不斷突破進取。

　　稻盛先生在鼓勵團隊不斷突破進取時，舉了這樣一個例子。

　　很多公司的獲利率常年維持在百分之五，不論經濟大環境是良好還是惡劣。因為，經營者認為百分之五這個獲利點是不可攻破的。當收益達不到這個數字時，他們會積極採取行動將獲利拉回到這個水準。但是這樣一來，利潤雖然穩定，卻永遠無法突破這個數字了。這些經營者在無形中已經將百分之五這個數字設定成了一個玻璃天花板，從未把獲利目標定在百分之十甚至更高。當經濟環境大好，只要稍加努力就能提升獲利率時，他們也不會再想向高處攀登了，也就不會創造出驚人的佳績。

　　稻盛先生所說的這些事例，都是在告訴他的團隊：我們要成為世界一流的公司，就不能止步不前，必須要敢想敢做，力求突破。

　　在這樣一個多元化進程中，京瓷還躋身於醫療領域，對人工牙根和人工骨進行了研發。一九七二年大阪齒科大學川原春幸教授造訪京瓷公司，問稻盛先生：「能否用陶瓷來生產人工牙根。」

　　川原教授是研究金屬人工牙根方面的專家，但人體和金屬之間存在著排斥反應，所以效果不是很好。川原教授拜訪了京都工藝纖維大學的奧田教授，向他請教有沒有更好的材料可以代替金屬。奧田教授建議他可以詢問一下京瓷的稻盛和夫，川原教授回去用陶瓷進行了一番實驗，取得了非常不錯的效果，於是馬上就來找稻盛和夫。

　　聽完川原教授的一番話，他預感到陶瓷可能還可以應用在醫療

領域。跟金屬或塑膠相比，陶瓷不會進入到體內，也不會產生化學反應，而且形成細胞的蛋白質在分子結構上和陶瓷也完全不同。

人體遇到像有機物之類的和自己的組織結構相接近的物體時，會對其進行分解和吸收，而遇到不同結構的物體則會表現出排斥的反應。稻盛和夫認為這種排斥反應不是直線狀的，而是如同一個圓。也就是說，因為分子的結構各不相同，就會表現出排斥反應，但結構完全不同的則會從圓的一點轉一圈回到這個點的旁邊，這兩者相當親近，但不會再引起排斥反應。這樣的話，陶瓷這種材料就會容易被人體細胞所接近，其生物融合性也很強。

自從京瓷創業以來，稻盛和夫習慣運用陶瓷所特有的優良特性，尋找各種新的用途，研發各種新產品。倘若自己長期致力研究的陶瓷能對患者的健康有幫助，能為醫療事業的進步做出貢獻，稻盛和夫自然感到無比高興。因此，他決定著手研發生物陶瓷材料。

京瓷的科學研究人員馬上投入了實驗，首先使用了以前一直生產的多晶氧化鋁陶瓷，但效果不是很好。因為人在咀嚼食物的時候，會給人工牙根施加很大的外力，因此就需要硬度和強度都比較高的材料。當時稻盛和夫生產的單晶藍寶石，用於其他的用途。單晶藍寶石是高純度氧化鋁的單結晶，強度比多晶陶瓷強，但由於其硬度過高，因此存在著不易加工的困難。儘管如此，他還是建議川原教授用這種材料來生產人工牙根，並對研發團隊發出號召，要求全力開發這種加工技術。

要想將單晶藍寶石用於人工牙根的生產，就必須將單晶藍寶石加工成螺絲的形狀，而這種藍寶石只有鑽石才能切削，加工成螺絲

狀還不能在表面存有一絲傷痕。經過無數次試製失敗後，一天，研發團隊中的一員 —— 三輪孝偶然在研究室的門前撿到了一張紙，上面將矽晶圓的鏡面加工法都記載得很詳細，他從中得到了啟發，進而又研發出了全新的藍寶石研磨加工法。之後，對這種新人工牙根又進行了大量的臨床實驗，一九七八年，京瓷的這項研究成果獲得了厚生省的許可，開始以「Biocelum」這一商標進行銷售。

但是，市場的反應卻並不樂觀。在當時，勇於在手術中使用植入材料的牙科醫生並不多見。於是，京瓷將研究成果推薦到大學附屬醫院和牙科學會，並在各地舉辦以牙科醫生為對象的植人材料技術講座。京瓷的努力收到了很好的效果，現在使用植入材料的牙科醫生越來越多，國內外的植入材料廠家已經超過了二十家，而其中京瓷確立了牢固的領先地位。

擺在企業面前的路還有很多，有的是康莊大道，但是還有很多羊腸小徑。走那些已經被別人踐踏過無數次的路雖然平坦，然而卻很難有大作為。要想事業有所成就，就要選擇別人沒走過的路，可能這條路很陌生，也很危險，但是只要以無畏的心態去迎接挑戰，你最終會成為這條路上的指標。

6 · 時刻保持創新精神

【稻盛和夫箴言】

在現在的工作中要不斷的鑽研創新，澈底的追求事物的可能性，就能取得卓越的發展。

　　稻盛和夫先生說自己並沒有預見到這種技術的變遷，只是因為不滿足於現狀，對任何事物都想鑽研創新，勇於向新領域發起挑戰，因此才造就了現今的京瓷。「不斷從事創造性的工作」才是發展事業的最基本的手段。他說：「在現在的工作中要不斷的鑽研創新，澈底的追求事物的可能性，就能取得卓越的發展。」

　　美國麻省理工學院多媒體實驗室主任尼葛洛龐蒂說：「我們在招人時，如果有人大學畢業時考試成績全都是 A，我們對他不感興趣。如果有人在大學考試成績中有很多 A，但中間有兩個 D，我們才感興趣。因為往往在大學裡表現得很好的學生，與我們在一起工作時，表現得並不那麼好。我們就是要找由於個性與眾不同，在大學學習時並不是很用功的、不循規蹈矩的做事情的那些人占這些人往往很有創造性，對事物很警覺，反應非常機敏。人才更多的是指一種心態，是指與傳統思維完全不一樣的那種人。真正的人才不是看他學了多少知識，而是看他能不能承擔風險，不循規蹈矩的做事情。」

　　尼葛洛龐蒂所說的這種人就是有創新思維的員工。他們是企業中最受歡迎的人，因為他們靈活的思考不但能給企業帶來創新，還能夠成功應對工作中的危機，甚至能夠幫助企業轉危為安。他們不用老闆督促，就能夠積極尋找對企業有利的創意，不斷的思考為他們帶來更多的靈感，從而能夠幫助他們成功克服各種各樣的危機。

　　一家位於比利時首都布魯塞爾東郊的啤酒廠，從創立之初就一直銷售不景氣，只能勉強維持著生存。儘管一再減產，他們的啤酒仍然堆在倉庫裡。競爭很激烈，周圍有很多小型啤酒廠，國外也有

很多知名品牌進來，如果啤酒銷售不出去，這家工廠就只有宣告破產了。

　　一位新來的啤酒推銷員看到這種情況十分著急，於是他開始積極想辦法。他認真考察了其他的啤酒廠，發現那些有實力的啤酒廠天天在報紙和電視上大做廣告。但是這種辦法對於他們自己的啤酒廠來說，顯然是不現實的。他們根本沒有多餘的資金。

　　推銷員開始認真思考解決銷售問題的辦法。白天他在大街小巷中奔走推銷啤酒，晚上就自己構思銷售企劃方案。但是一個又一個的方案都被他自己否定了。一天，他來到了布魯塞爾市中心的于連廣場，看到了廣場上那個撒尿的小童的銅像。他發現有很多人在銅像下面玩，還有人用水瓶接著銅像裡流出來的自來水喝。他忽然想出了一個絕妙的主意，於是興沖沖回到了啤酒廠向老闆說出了自己的想法；用啤酒來代替自來水，從小童的銅像裡「尿」出來，老闆馬上表示支持。於是第二天，廣場上的人們就喝到了從於連銅像裡流出來的啤酒。廣場上很快湧滿了來品嘗啤酒的人。電視台和報紙也爭相報導。就這樣，這家啤酒廠沒有花一分錢的廣告費，就一炮打響，成功樹立起了自己的品牌。而那位年輕的啤酒推銷員也成為比利時著名的銷售專家。

　　勇於創新的員工是企業最看重的財富，任何一個企業，都會對這樣的員工求賢若渴。如果你只是聽命令做事，而不用大腦思考，自然無法成為這樣的員工。只有那些不斷提出新問題，並能夠積極思考去解決問題的人，才能夠得到主管的欣賞，並成就自己的人生。

培養卓越的創新能力，就要養成思考的習慣。不能因為工作忙碌就忽略了思考的價值。每個主管都希望自己的員工能夠主動的從工作中發現問題，並提出積極的建議。而這就需要員工動動腦筋，進行獨立的思考，而不是只會聽從主管的命令行事。

凱恩初進寶鹼公司時，是產品設計部的一名普通員工。

有一段時間，凱恩的牙齦老是一刷牙就出血，使他感到很不舒服。起初他想可能是自己刷牙時動作太用力了。於是，下次刷牙時他就盡可能輕輕刷，還是出血。這使他感到惱火，他開始認真找原因。

由於職業關係，凱恩猜想問題可能出在牙刷上。他首先想到可能是牙刷毛太硬了，毛柔軟些就不會出血了，他便把牙刷放在開水中泡了一泡。可是，泡軟牙刷毛後再來刷牙，牙齦還是出血。最後，他沉思良久，終於領悟：肯定是牙刷毛頂端太尖銳，刺破牙齦造成出血。

凱恩找來放大鏡放在牙刷頂端一看，發現牙刷頂端是呈四角形的。他心想，如果能把牙刷頂端磨成圓球形，那就不會劃破牙齦了。

凱恩興奮的把他的設想告訴了公司，公司覺得這是一個極好的主意，馬上予以採納，後來生產的牙刷全部都改成頂端磨成球形的。這種牙刷在推向市場後，銷量躍居全美國第一，每年的市場占有率都在百分之三十至百分之四十之間，暢銷十多年後仍經久不衰。凱恩也因其貢獻得到了提升，十多年後，他已經成了寶鹼公司的副董事長。

　　我們的工作並不是盡善盡美，就算有著既定的方法和程序，也還是有需要改進的地方。只要善於思考，就能夠不斷的提出問題，這是改進工作的動力源泉。日本著名的日立製作所的一位前部長說過：「我們經常在商品開發或企業管理方面為發掘新問題而在不停的動腦，如果一種方法、商品或其他事物經過兩年以後仍然保持原狀，就可能有問題存在，因此必須加以研究。」我想，這一說法對於我們的工作來說，同樣適用。

　　一個不願意思考的員工是不可能跟上時代發展的潮流的，更不要說給老闆提出新的建議，促進企業發展了。為了能夠更好的促進自己的創新能力，員工要養成凡事都想一想的習慣，不能滿足於一知半解，也不能僅僅滿足於接受既有的結論。按照下面的思路，你就能夠找到分析問題的方法，並從工作中發現問題：一是要想別人沒有想過的，能夠獨闢蹊徑；二是要勇於想，充分開拓自己的思路，勇於冒險；三是要執著，緊抓住問題的一個方面去思考；四是不能害怕失敗。按照這些要點去進行思考活動，你就能夠豁然開朗。

7・拓展方向，多元經營

【稻盛和夫箴言】

　　為了實現中小企業向社會中型企業的發展，很重要的一點，就是把支撐企業發展的主力產品再多開發出幾種。這樣的經營多元化是企業發展的要訣。

在稻盛和夫對企業經營思想的創新中，尤為突出另外一個特點，就是在開發陶瓷新技術的同時，還將其觸手伸向了其他領域。採用多元化經營，是他發展並壯大京瓷公司的要訣之一。稻盛和夫認為，企業進行多元化經營極有必要，他曾指出：「為了實現中小企業向社會中型企業的發展，很重要的一點，就是把支撐企業發展的主力產品再多開發出幾種。這樣的經營多元化是企業發展的要訣。」

稻盛和夫根據獨到的經營理念以及市場需求，選擇了多元化發展的方向。也就是說，市場的需求是決定企業發展多元化的原因之一。市場上同類產品的增多使市場競爭漸趨激烈，並逐漸接近飽和狀態，同行業間不斷的改良與創新也使得產品的生命週期縮短，所以，早做準備、及早開發新產品並占領新市場，是企業進軍新產業的有力保障。

稻盛和夫就曾多次用這種多元化方式來展開京瓷公司的業務經營。京瓷公司在與松下公司合作時，他們生產的電視機映像管中的核心零對象，即 U 字形絕緣體，奠定了京瓷多元化發展的基礎。那個時候，電視機開始普遍生產，由於沒有電晶體也沒有 IC 的映像管，所以 U 字形絕緣體產品供不應求，形成了 U 字形絕緣體時代。

但是，稻盛和夫並沒有被這種豐厚的利潤遮擋住創新的視野。就在 U 字形絕緣體供不應求、獲利豐厚的時期，稻盛和夫把目光轉向了正在逐步興起的電子工學領域，開始了對各種新產品的開發，其中包括 U 字形絕緣體的替代產品。事實證明了稻盛和夫這

種發展眼光的正確性，因為不久之後，Ｕ字形絕緣體就遭到了淘汰，而京瓷公司開發出來的替代品依然能夠占領絕對的市場。

同樣的實例還有很多。當京瓷跨步到電子工業領域後，鑑於陶瓷耐高溫、硬度高等特性，稻盛和夫又將陶瓷的研究運用到紡織行業等其他領域的探索中。繼此之後電視業發展到電晶體時代，稻盛和夫又承接了電晶體中零件的開發與生產。在電晶體被更先進的 IC 所取代之前，稻盛和夫就已經帶領他的技術團隊領先開發出了陶瓷的 IC 封裝。從這些事例中足以見得稻盛和夫的多元化意識之強，而這正是來源於他對創新經營的思考。跨越到陶瓷行業外的領域並取得佳績，是稻盛和夫實行多元化經營的成功。對自己的這些創舉及成就，稻盛和夫說，並非是自己預見了科學技術的發展，完全是因為他不滿足於現狀，對任何事物都進行鑽研創新，習慣向新的領域發起挑戰的結果。而這也正是京瓷能夠穩紮穩打、長足發展的原因。

稻盛和夫的這種將陶瓷技術運用到其他行業的創新方式，被稱為「同心多元化」的經營。就本質而言，這和他涉足電信行業是不一樣的，因為這些創新基本上沒有脫離陶瓷的生產技術。但是稻盛和夫知道，每個產品的市場資源都是有限的。正是對於陶瓷市場前景的憂慮，使得稻盛和夫不斷致力於其他領域新產品的研究與多元化發展。在一九八〇年的一次採訪中，稻盛和夫對記者這樣解釋自己進行創新經營的原因：「京都製陶的陶瓷包裝占全世界市場的百分之六十左右，營業額約八百億日元。就算將來的市場再擴大，充其量也只能到現在的五六倍。正是因為這樣，我才下決心開發能給

我們新希望的產品。」

在稻盛和夫後來的創新經營中，就有以「稻盛寶石」為名的人工綠寶石的產品問世，另外，京瓷還開發了「尚樂特」系列的刀具、太陽能電池、陶瓷的人工齒根等。這些陶瓷技術的延伸，都是稻盛和夫在經營中實行多元化的創舉。多元化的經營不僅保證了京瓷源源不斷的收入，也推動了企業向前大跨步邁進。

當然，並不是所有企業都必須進行多元化經營的策略。松下幸之助就曾說過：「企業的成功發展有兩條路可走，一條是展開多元化的經營，一條就是走專於某一產品技術之路。」我們也能看到很多傳統企業，因為占據某一產品市場而成功的例子。所以，一個企業是否適合用多元化的經營來發展事業，答案並不是一定的。企業採取多元化經營是有前提的，京瓷公司走多元化道路能取得成功，在於其充分發揮了固定資金豐富、擁有一定的技術和市場等優勢，如果盲目的採用多元化創新，也許只會造成人力與資源的浪費。

8‧別讓固定思考模式困住了你

【稻盛和夫箴言】

改變思考方式，人生就會實現一百八十度的大轉變。

稻盛和夫先生曾說：「改變思考方式，人生就會實現一百八十度的大轉變。」就是說，在面對困難時不自暴自棄，而是多動腦筋、多思考、多研究，發現自己的不足之處。大象能用鼻子輕鬆的將一噸重的貨物抬起來，但我們在看馬戲團表演時發現，這麼大的

動物，卻安靜的被拴在一個小木樁上。因為牠們自幼開始，就被沉重的鐵鍊拴在固定的鐵樁上，當時不管牠用多大的力氣去拉，這鐵樁對幼象而言是太沉重的東西。後來，幼象長大了，力氣也增加了，但只要身邊有樁，牠總是不敢妄動。

這就是固定思考模式。長大後的象其實可以輕易將鐵鍊拉斷，但因幼時的經驗一直存留至長大，牠習慣的認為（錯覺）鐵鍊「絕對拉不斷」，所以不再去拉扯。

思考是人類最為本質的特徵，是人類一切活動的源頭，也是創新的源頭。有了創新思維人類才沒有越走越退步。一個人的思考能力總處在發展、變化的趨勢中，但也會存在一種相對穩定的狀態，這種狀態是由一系列的固定思考模式所構成。

人們有各式各樣不能發揮創造力的原因，有的是因為心中存在某種局限性觀念，有的是存在某種思考障礙，所以要發揮自己的創造力和創新思考必須突破許多障礙。

生活中，我們常把一些習慣做法奉為金科玉律，一點也不敢有所違背，結果我們也就掉進了「習慣」的陷阱裡，明明可以做好的事情，卻礙於習慣不敢想也想不到要去做，這是一件多麼可悲的事。其實任何事都不是一成不變的，別用你的習慣認知去解決問題，試著用變通的眼光去把握一切，這樣做會使你發現很多隱藏的機會。

出身貧寒家庭的吉列，十幾歲便開始當推銷員。雖然工作尚算順利，但是吉列卻不想一輩子只當個推銷員，他經常對自己說：「有一天，我一定要開創一番不平凡的事業！」

在一次與顧客閒聊時，曙光出現了，那位顧客無意間對吉列說：「嗯，如果能夠發明一種用過就丟的小商品，那不就可以讓顧客們不斷來購買你的商品嗎？」「用過就丟？不斷購買？」這句話立即激發了吉列的靈感。從那天起，吉列天天思索著：「什麼樣的東西必須用過就扔掉呢？」

有一天早上，吉列正在一家旅館的房間裡刮鬍子，當他拿起刮鬍刀時，卻發現刀口不夠鋒利。正值出差的他當然不可能隨身攜帶笨重的磨刀石，於是他只好信手取過一塊牛皮，輕輕的在上面來回磨，問題是刀口仍然不見鋒利，無奈之下，他只好湊合著用。然而，不鋒利的刀子可把吉列給整慘了，鬍子不僅無法清除乾淨，更把他疼得哇哇叫，好不容易刮完了鬍子，卻見臉上留下了好幾道傷痕。他感到非常生氣，忿忿不平的想著：「難道世界上就沒有比這個更好用的刮鬍刀嗎？怎麼沒有人發明一些不必磨就鋒利無比的刀子呢？」就在這時，他突然眼睛一亮：「咦！這不正是『用完即丟』的最佳商品嗎？」

一回到家，吉列便辭去工作，潛心研究薄刀片等刮鬍用具，最後更設計出一款耙子似的「T」形簡易刮鬍刀。就這樣，安全又方便的吉列刮鬍刀終於誕生了，到現在仍是許多男人必備的刮鬍用具。

生活中有些問題不能解決，不是因為問題太過複雜，而是因為許多時候我們會受到思考慣性的束縛，只要我們換個角度想問題，問題就很容易解決。

研究發現，人們發現問題、研究問題、解決問題往往都是憑藉

原有的思考模式進行思考的。人們認識未知、解決未知，都是以已知或已知的組合、變換為階梯。那麼，如何才能提高思考能力呢？這就需要我們勇於打破常規，勇於突破思考定勢。

常規有很多的好處，會使人在思考同類或相似問題的時候，能省去許多摸索和試驗的過程，能不走或少走彎路，這樣就既可以縮短思考的時間，減少精力的耗費，又可以提高思考的品質和成功率，還能使人在思考的過程中感到駕輕就熟、輕鬆愉快。但是，常規卻使人們在遇到問題時百思不得其解。

日本一家公司的科技人員為了滿足市場需求，開始設計一種新的小型自動聚焦相機。

所謂自動聚焦就相機要根據拍攝的對象，自動測量距離，然後鏡頭做相應的調整，自動定焦距。設計這種相機有幾個必須達到的基本要求：小巧輕便，容易操作，而且要成本低廉。

按照當時的技術水準和條件，在相機裡裝進驅動零件以後，體積變大、重量變重，成本很難降下來。如果要為它再去特別設計一種專用的超小型驅動零件，難保證交貨時間。

設計人員為此大傷腦筋，想了很多辦法都行不通，設計工作長時間裹足不前。後來一個不是學電機專業的技術人員想到：「自動聚焦需要的動力很小，而且距離很短，不用驅動零件，用彈簧行不行呢？」這個突破了「必須用驅動零件驅動」這「一定之規」的新設想提出以後，設計人員們沿著新的思路不斷進行探索和試驗，沒過多久，就相繼設計出了一種又一種小型和超小型的自動聚焦相機。對這種給人們帶來了很大方便，連傻瓜也能使用的「傻瓜相

機」，科技界給予了很高的評價，認為它代表了產品開發的一個新的重要層面——傻瓜化，即「功能簡單化」、「易操作化」，同時也是「高智慧化」、「高科技化」。

所以說，社會進步需要創新，企業發展需要創新，個人發展需要創新。尤其是對於企業來說，只有所有員工不斷突破思考定勢、超越自我，企業才會獲得迅猛發展。

著名企業英特爾公司在招進員工後，非常注重鼓勵員工不斷挑戰。當然，盲目迎接挑戰只會帶來失敗，不可能帶來創新，這不是英特爾所希望的。

英特爾所推崇的創新是在接受挑戰之前能夠掌握情報，並進行充分評估，盡可能的了解到種種變通之道與替代方案，以增加對失敗的控制力，這被稱為「可預期的風險」。除了迎接挑戰，對錯誤的包容也同樣重要。在英特爾公司，面對「不可預期的風險」而失敗是能夠接受的。

在英特爾公司，每一位員工都有機會實現自己的想法。英特爾是一個很平等的公司，在這裡不會有很多層的經理，每一個員工都可以在自己的級別上做出決定，不用什麼事，隨時都可以去請示。諸如「你很有頭腦，卻在上司那裡受挫」這樣的情況在英特爾是不會發生的。也許有時員工不確定，拿計畫去跟經理談，通常經理會鼓勵員工去嘗試，而不是潑冷水。正是在這樣的文化氛圍中，英特爾公司的員工才不會害怕失敗，才敢積極主動的進行創新。

同樣，西門子公司的每一位成員也都具有普遍的創新意識，正是這種意識引領西門子不斷開發新的產品和解決方案。這種意識的

形成是以五項重要的個人素養為基礎的，正是這些素養使西門子與眾不同。

9・大膽思考，小心準備

【稻盛和夫箴言】

　　大膽思考，小心準備，這是成功必須具備的兩個不可或缺的要素。

　　稻盛和夫曾指出；大膽思考，小心準備，這是成功必須具備的兩個不可或缺的要素。成大業的人都是創新的高手，他們不愛跟隨在別人的屁股後邊走，而是勇於探索，大膽創新，另闢蹊徑走出自己的路，因而他們的成功往往令人叫絕，自己也很快在庸人之堆裡很快脫穎而出。

　　克勞斯是天生的做生意者，他說：「我從小就討厭從事一個普通的職業，因此一直沒有工作。而我說過，其實我能做任何工作 —— 甚至做霜淇淋。」於是，這位賓州大學的學生入學後在宿舍裡做起了霜淇淋。不久，同校的兩個夥伴科恩和希爾頓也加入了。於是，克勞斯賣掉大部分債券自己投資，並拿出他高中時挨家挨戶上門推銷淨水器時賺的六萬美元，和他們合夥開了這家公司。經過市場調查，克勞斯發現霜淇淋的口味已經二十年沒有變化，他敏銳的察覺到，這是為他們創業提供了一個很好的空間。

　　他採納了啤酒商山繆 · 亞當斯的建議，使用啤酒釀造技術製作口味奇特的霜淇淋，他與當地的乳酪廠聯絡，由他們提供特製

的乳酪。

由於口味的創新，使這家小型的霜淇淋公司很快吸引到投資者。結果新產品一上市就供不應求。它的風味很快就成為一種飲食時尚，風行歐美及世界各地。

克勞斯的美國傑瑞米霜淇淋公司生產的口味獨特的超級霜淇淋，在一九九九年銷售額達五百萬美元。

克勞斯談到自己的成功時說：「事業成功的最大祕訣就是創新。我們年輕人應該是一個行業中的創新者，而不是一成不變的製造者。因為年輕的本質特徵就是新異和充滿朝氣。」

一個人創業能否成功，他的公司能否在市場上站穩腳跟，關鍵就看他是否具備創造力。目前企業的首要創造力就表現在產品的創新方面，產品創新主要包括產品開發、產品的更新速度及產品的品質和水準。

積極開發新產品，是保證公司取得競爭優勢，使公司立於不敗之地的基礎。市場是公司生存的客觀條件，公司要生存和發展，就要不斷擴大和開闢新的市場，要做到這一點，離開了產品開發是根本辦不到的。公司只有不斷開發新產品，做到「人無我有，人有我優，人優我廉，人廉我轉」才能在市場競爭中處於主動地位。

日本的小汽車、電視機、錄影機能在較短的時間內稱雄世界，就在於它們不斷推出新型、質優、價廉的新品種。就日本小汽車而言，在一九六〇年代末，其產量、銷量均排在幾乎所有西方已開發國家之後，到一九七八年竟躍居世界第一、即產量第一、銷量第一、生產力第一。原因是它們採用了先進的管理方法，不斷改進設

計，製造出質優價廉的新型汽車。由此可見，有時創新就是創造社
會價值和經濟效益。

　　一個公司乃至一個行業的生存與發展，興盛與衰落，與其是
否能適時的開發出滿足社會需求的新產品密切相關。特別是科學技
術和現代傳媒的發展，加速了新產品的開發過程。一些高科技產品
的更新換代已經不是以年為計算單位，而是以日來計算。如鐘錶王
國瑞士平均每二十天就向市場推出一個新品種。德國賓士轎車的引
擎與二十年前相比，重量減少了四十八公斤，最高功率卻提高了
二十五馬力，成為當今世界汽車工業的驕子。大名鼎鼎的美國王安
公司，之所以短時間內就從「電腦帝國」的寶座上跌落下來，其主
要原因是不注重新產品的開發。

　　創新是生存的血液，不創新就會貧血。一個不斷創新的企業是
打不敗的，一個不斷創新的人永遠是一個勝利者。

10 · 要有否定「常識」的勇氣

【稻盛和夫箴言】

　　要想形成真正的創造力，就要有否定「常識」的勇氣。

　　京都大學教授田中美智太郎說：「創新和發現的過程是屬於『哲
學』領域的。只有在概念能有合理的證明時，才能成為科學。」他
認為，在常識和真理之間有一道鴻溝。創新和發明就是彌補這道鴻
溝的最好辦法。但是，固守常識就不能有所創新和發明。

　　在傳統或常識面前，試圖去打破它而道出真理的人，會被稱為

「異類」。而往往只有這些「異類」才能打破世俗的認知，開創新理論、新產品。

　　稻盛和夫是一個開明的企業家，他常說，要想形成真正的創造力，就要有否定「常識」的勇氣。墨守成規的心態是不可取的，會使人的思考陷入僵化，使人的思想失去自由。而不管我們想在企業、科學或是藝術等哪個領域中求得創新，沒有自由、反傳統的精神，都無法獲得真正的成功。

　　稻盛和夫用伽利略支持哥白尼的「日心學說」這個例子來說明這種否定常識的勇氣之可貴。

　　伽利略支持哥白尼的「日心說」。這個思想是對當時神教及人們堅持「地心說」的挑戰與背叛，因此伽利略受到了殘酷的迫害。但是在迫害面前，他不改初衷依然堅持「日心說」的正確性。三百多年後「日心說」終於被證實是正確的。

　　創新往往來自於對常識的質疑，而做出創新之舉首先需要具備勇於否定「常識」的勇氣。

　　能夠擁有否定常識的勇氣是非常重要的。當一個人有悖於「常識」而行事時，往往會遭到眾人的反對，會孤獨無助，甚至會遭到迫害。因此很多人會迫於恐懼而不敢挑戰常識。否定常識，需要極大的勇氣與魄力。

　　稻盛和夫認為，堅持對於創新也是很重要的。因為否定「常識」會遭到很多人的批判和質疑。所以即使勢單力薄，也要堅持到底的意念不可或缺，創新成功往往是因為不改初衷的堅持。在開始進行某項新計畫的時候，稻盛和夫覺得最重要的是堅持自己所選的

路。他也曾陷入難以預測的困境，但是他沒有妥協。稻盛和夫認為這種行為代表著一種反叛的、追求自由的精神。喜歡反叛的人可能會抗拒父母、社會和權威，依照自己的方式做事，但是稻盛和夫說：「在開始進行新計畫的時候，我們認為最重要的是堅持自己所選擇的路。完全依靠自己，才能有創造力。人們把所有的障礙都排除後，就可以按照自己的信仰前行。沒有那種自由，創造力是不可能誕生的。」

稻盛和夫認為，一個企業家千萬不可有先入為主的觀念。因為只有思想完全得到自由，才能將自身的創造力發揮出來。

有一個著名的傳說 —— 戈耳狄俄斯之結。

戈耳狄俄斯之結據說由希臘神話中佛里幾亞國王戈耳狄俄斯所打，如果誰能解開，誰就成為亞細亞之王。馬其頓國王亞歷山大率領軍隊到達戈耳狄烏姆的時候聽到了這個傳說，並產生了濃厚的興趣。於是，他讓士兵帶他來到了戈耳狄俄斯之結前，試圖解開這個結。他研究了一會兒，發現總是無法找到繩子的兩端，因此陷入了困境。最後，他突然想到，解開這個結的規則該由自己來制定啊，隨後他拔出長劍把這個結一劈兩半 —— 結解開了，這個城也便屬於他了。

亞歷山大拋棄了原有的觀念，沒有先入為主的被傳統思想束縛住。這種發散思考表現為外部行為時，就代表了個人的創造能力。

在一個成功企業家的字典裡，總會有很多值得學習與借鑑的經營理念與策。其中有一條幾乎是這些成功者的共識，那就是勇於冒風險，用逆於常識的勇氣走出一條創新之路，往往在這種風險背後

隱藏的就是巨大的利潤。所以，真正的企業家，需要有否定常識的勇氣，用創意開拓企業發展的前進之路。

電子書購買

國家圖書館出版品預行編目資料

企業鬥魂 KYOCERA：一生懸命！稻盛和夫的
京瓷心法 / 宋希玉 , 張鶴著 . -- 第一版 . -- 臺北
市 : 崧燁文化事業有限公司 , 2021.07
　　面；　公分
Pod
ISBN 978-986-516-676-2(平裝)
1. 稻盛和夫 2. 企業經營 3. 職場成功法
494　　　110008377

企業鬥魂 KYOCERA：一生懸命！稻盛和夫的京瓷心法

臉書

作　　　者：宋希玉、張鶴
發 行 人：黃振庭
出 版 者：崧燁文化事業有限公司
發 行 者：崧燁文化事業有限公司
E - m a i l：sonbookservice@gmail.com
粉 絲 頁：https://www.facebook.com/sonbookss/
網　　　址：https://sonbook.net/
地　　　址：台北市中正區重慶南路一段六十一號八樓 815 室
Rm. 815, 8F., No.61, Sec. 1, Chongqing S. Rd., Zhongzheng Dist., Taipei City 100,
Taiwan (R.O.C)
電　　　話：(02)2370-3310　　　傳　　　真：(02) 2388-1990
印　　　刷：京峯彩色印刷有限公司（京峰數位）

定　　　價：380 元
發 行 日 期：2021 年 07 月第一版
　◎本書以 POD 印製

獨家贈品

親愛的讀者歡迎您選購到您喜愛的書，為了感謝您，我們提供了一份禮品，爽讀 app 的電子書無償使用三個月，近萬本書免費提供您享受閱讀的樂趣。

ios 系統

安卓系統

讀者贈品

請先依照自己的手機型號掃描安裝 APP 註冊，再掃描「讀者贈品」，複製優惠碼至 APP 內兌換

優惠碼（兌換期限 2025/12/30）
READERKUTRA86NWK

爽讀 APP ------------------------------------

- 📖 多元書種、萬卷書籍，電子書飽讀服務引領閱讀新浪潮！
- 🎧 AI 語音助您閱讀，萬本好書任您挑選
- 🔍 領取限時優惠碼，三個月沉浸在書海中
- 🔔 固定月費無限暢讀，輕鬆打造專屬閱讀時光

不用留下個人資料，只需行動電話認證，不會有任何騷擾或詐騙電話。